Arbeitsheft

Mathematik
real
Klasse 9
Nordrhein-Westfalen

LÖSUNGEN

Cornelsen

Beraterin: Barbara Grota

Redaktion: Berit Kroschel
Illustration: Gudrun Lenz, Berlin

Grafik: Christian Böhning
Layoutkonzept: Hawemann & Mosch
Technische Umsetzung: Ralf Franz, CMS – Cross Media Solutions GmbH

Bildnachweis
Umschlag picture alliance/Bildagentur Huber
Fotos 7/1 Shutterstock/Rido; 13/1 Shutterstock/Syda Productions; 15/1 Shutterstock/igor.stevanovic; 17/1 Shutterstock/Antlio; 19/1 Shutterstock/Monkey Business Images; 21/1 Shutterstock/Siarhei Tolak; 23/1 Fotolia/lacodk; 27/1 Shutterstock/argo74; 29/1 Fotodesign/Markus Gaa; 38/1 shutterstock/Abel Tumik; 38/2 Stephanie Charlotte Benner, Berlin; 39/1 Fotolia/Tobias Bräuning; 41/1 shutterstock/Andresr; 47/1 Fotolia/Kalle Kolodziej; 50/1 Shutterstock/Steve Collender; 51/1 Shutterstock/de2marco; 53/1 picture-alliance/ZB; 59/1 Peter Hartmann, Potsdam; 60/1 Berit Kroschel, Berlin; 60/2 Fotolia/Andre Bonn; 62/1 Oleg Begunenko OAO IndigoLotos; 64/1 Shutterstock/smuay

Inhaltsverzeichnis

Dieses Heft gehört: Klasse:

Lineare Gleichungen mit zwei Variablen

▶ Grundwissen

- Jede lineare Gleichung kann in die Form $y = mx + n$ gebracht werden. (x und y sind Variablen. m und n sind Zahlen.)
- Jeder Lösung $(x|y)$ einer linearen Gleichung entspricht ein Punkt auf der zugehörigen Geraden.

Beispiel: $y - 4 = -0{,}5x \quad | +4$
$y = -0{,}5x + 4$ Das Wertepaar $(0|4)$ ist eine Lösung.

x	0	2	4	6	8
y	4	3	2	1	0

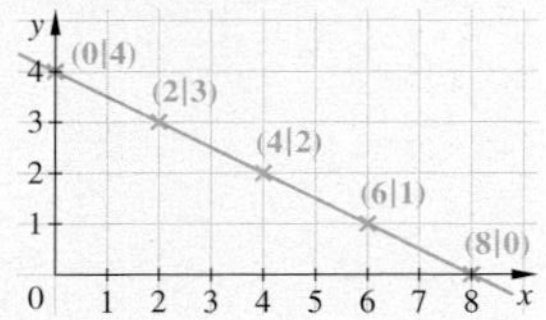

▶ Auftrag: Ergänze die Tabelle und trage die zugehörigen Punkte im Koordinatensystem ein.

Trainieren

1 Kreuze zuerst die linearen Gleichungen an.
Unterstreiche danach in den anderen Gleichungen die Terme, die nicht in linearen Gleichungen vorkommen.
Zusatzaufgabe: Forme auf einem zusätzlichen Blatt die Gleichungen nach y um.

☒ $0 = 5x + 8 - y$ $y = 5x + 8$ ☒ $y - 8 = -3x + 7$ $y = -3x + 15$ ☒ $y = x + x$ $y = 2x$ ☐ $y = x \cdot x$ $y = x^2$

☐ $y^3 = 5x - 7$ $y = 25x - 7$ ☒ $\frac{1}{3}y = -7$ $y = -21x + 0$ ☐ $y \cdot 2x = 8x + 2$ $y = \frac{1}{x} + 4$ ☒ $2y - 4 = 0$ $y = 2$

2 Ordne den linearen Gleichungen Lösungen zu. Zeichne sieben Linien ein.

$y = x + 4$ | $y - 5 = 2x$ | $0 = x + y$ | $2y + 3x = 1$

$(1|-1)$ | $(1|5)$ | $(1|7)$ | $(2|6)$ | $(2|-2)$ | $(3|-4)$ | $(-5|8)$

3 Ergänze zuerst die Wertetabellen. Veranschauliche danach die Lösungen mithilfe von Geraden im Koordinatensystem.

a) $y = x + 4$

x	−6	−4	0	2	4
y	−2	0	4	6	8

b) $y = -x - 1$

x	−6	−4	0	2	4
y	5	3	−1	−3	−5

c) $y = 2x - 4$

x	−2	0	2	4	6
y	−8	−4	0	4	8

d) $y = -3x + 1$

x	−2	−1	0	2	3
y	7	4	1	−5	−8

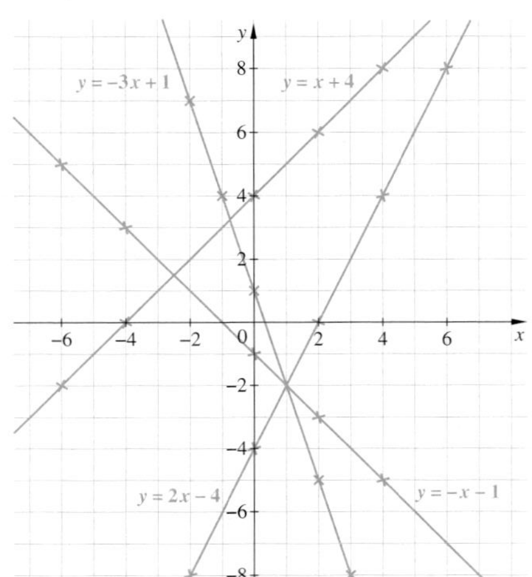

4 Forme zuerst die linearen Gleichungen nach y um.
Veranschauliche danach die Lösungen der linearen Gleichungen mithilfe von Geraden im Koordinatensystem.

a) $y + 5 = 4x \quad | -5$
$y = 4x - 5$

b) $y + 0{,}6x = 3 \quad | -0{,}6x$
$y = 3 - 0{,}6x$

c) $2y = -4x - 8 \quad | :2$
$y = -2x - 4$

d) $2y - 6 = 4x \quad | +6$
$2y = 4x + 6 \quad | :2$
$y = 2x + 3$

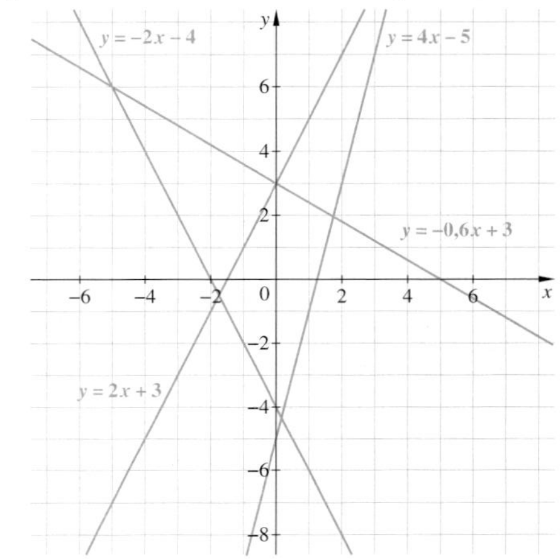

Anwenden und Vernetzen

5 Aus einem 14 cm langen Draht werden Rechtecke gebogen.

a) Gegeben ist jeweils eine Seite eines Rechtecks mit 14 cm Umfang.
Ergänze die fehlenden Seiten und benenne sie mit x bzw. y.

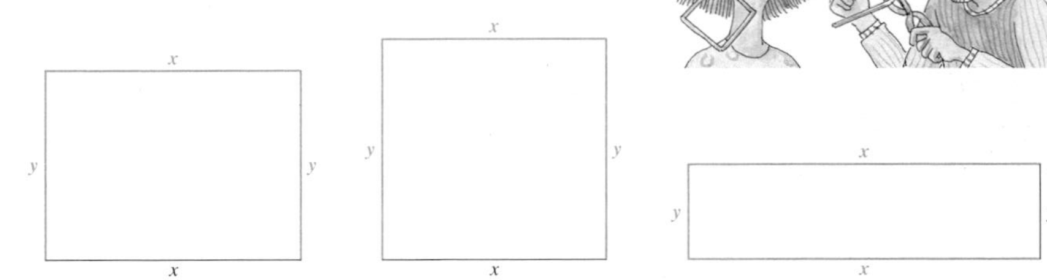

b) Gib im Koordinatensystem mit einer Linie alle möglichen Seitenlängen an.

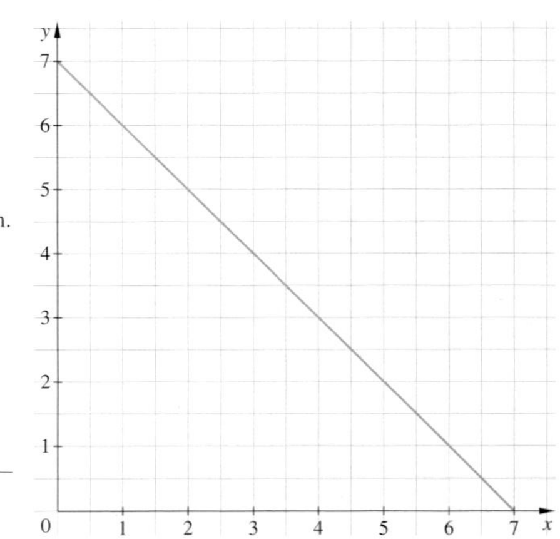

c) Kreuze alle Lösungen an.

☒ $x = 2$ und $y = 5$ ☒ $x = 3{,}3$ und $y = 3{,}7$

☐ $x = 8$ und $y = -1$ ☒ $x = 0{,}6$ und $y = 6{,}4$

d) Ergänze, sodass die Zahlenpaare Seitenlängen angeben.

① $x = 1{,}5$ cm und $y =$ 5,5 cm

② $x =$ 4,2 cm und $y = 2{,}8$ cm

e) Gib eine passende lineare Gleichung an.
Zusatzaufgabe: Was muss für die x-Werte gelten?

$y = -x + 7$ $0 < x < 7$

Lineare Gleichungssysteme grafisch lösen

▶ Grundwissen

- Zwei lineare Gleichungen mit zwei Variablen bilden ein lineares Gleichungssystem.
- Ein Wertepaar $(x|y)$ heißt Lösung des linearen Gleichungssystems, falls es beide Gleichungen erfüllt.
- Es gibt entweder

genau eine Lösung oder keine Lösung oder unendlich viele Lösungen.

Beispiele:

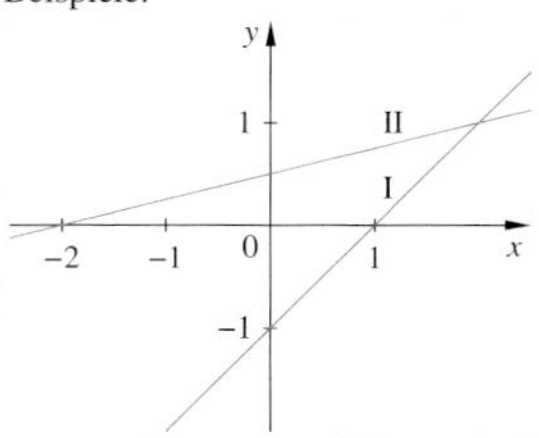

I $y = x - 1$
II $y = 0{,}25x + 0{,}5$
Lösung: $(2|1)$

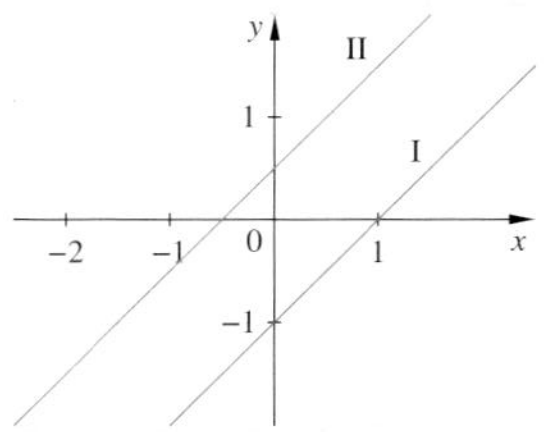

I $y = x - 1$
II $y = x + 0{,}5$
Lösung: keine

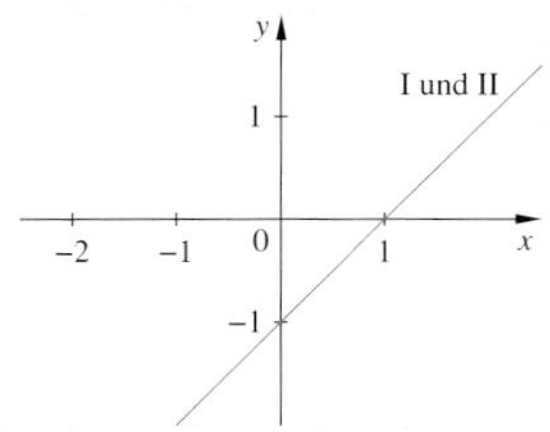

I $y = x - 1$
II $2y = 2x - 2$
Lösung: $(x|x - 1)$

▶ Auftrag: Ergänze den Text.

Trainieren

1 Lösungen linearer Gleichungen und linearer Gleichungssysteme

a) Gib jeweils zwei Wertepaare an, die Lösungen der linearen Gleichungen sind.
Stelle die Lösungen mithilfe einer Geraden im Koordinatensystem dar.

	z. B.
$y = x + 2$	$(0\|2)$; $(-2\|0)$
$-1{,}5x = y$	$(0\|0)$; $(2\|-3)$
$x = -\frac{2}{3}y$	$(-2\|3)$; $(0\|0)$
$y + 1 = -\frac{1}{8}x$	$(-8\|0)$; $(0\|-1)$
$y = -1{,}5x + 4{,}5$	$(0\|4{,}5)$; $(1\|3)$

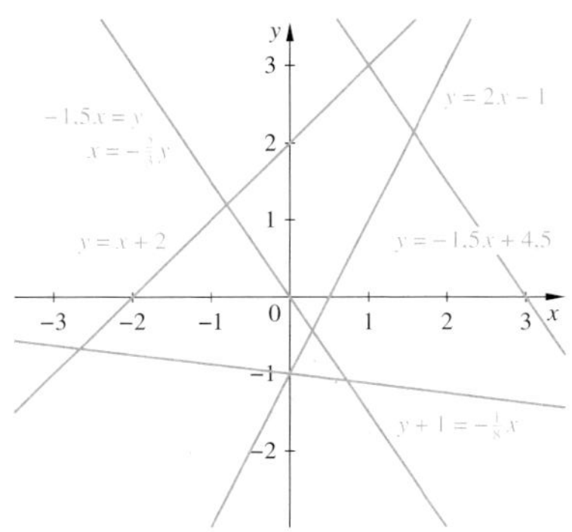

b) Schreibe unter jedes lineare Gleichungssystem dessen Lösungen.
Hinweis: Nutze, wenn möglich, die Zeichnung bei Teilaufgabe **a**.

I $y = x + 2$ II $y = -1{,}5x + 4{,}5$	I $-1{,}5x = y$ II $x = -\frac{2}{3}y$	I $y = -1{,}5x + 4{,}5$ II $x = -\frac{2}{3}y$	I $y = -1{,}5x + 4{,}5$ II $y + 1 = -\frac{1}{8}x$
Lösung: $(1\|3)$	Lösung: $(x\|-1{,}5x)$	Lösung: keine Lösung	Lösung: $(4\|-1{,}5)$

c) Gegeben ist die lineare Gleichung $y = 2x - 1$. Zeichne den zugehörigen Graphen ein und gib, wenn möglich, jeweils eine Gleichung an, sodass das lineare Gleichungssystem die angegebene Anzahl an Lösungen hat.
z. B.

I $y = x + 2$	I $y = 2x$	I $y + 1 = 2x$	I (nicht lösbar)
II $y = 2x - 1$	II $y = 2x - 1$	II $y = 2x - 1$	II $y = 2x - 1$
genau eine Lösung	keine Lösung	unendlich viele Lösungen	genau drei Lösungen

2 Ermittle graphisch die Lösungen der linearen Gleichungssysteme.

a) I $y = x + 2$
II $y = -x + 4$ Lösung: $(1|3)$

b) I $y = x + 2$
II $y = 0{,}4x + 5$ Lösung: $(5|7)$

c) I $y = 0{,}5x + 1$
II $y = -x + 4$ Lösung: $(2|2)$

d) I $y = -x + 7$
II $y = 0{,}5x + 1$ Lösung: $(4|3)$

e) I $y + x = 7$ $(y = -x + 7)$
II $y - x = 2$ $(y = x + 2)$ Lösung: $(2{,}5|4{,}5)$

f) I $-x + 7 = y$ $(y = -x + 7)$
II $y + x = 4$ $(y = -x + 4)$ Lösung: keine Lösung

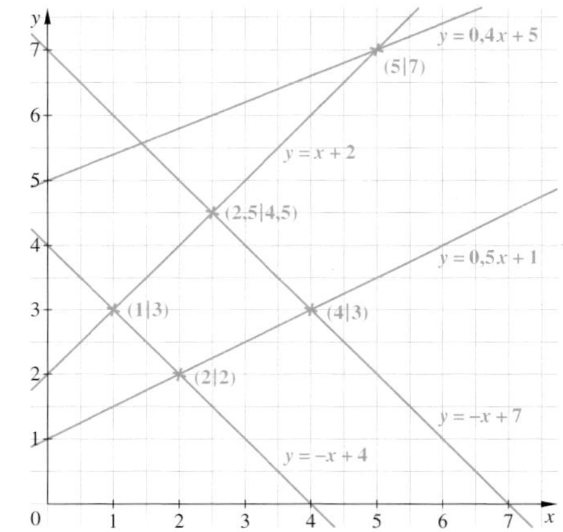

Anwenden und Vernetzen

3 Für zwei neunte Klassen einer Schule steht eine Klassenfahrt an. Einige Schülerinnen und Schüler planen die Zimmerbelegung. Die Lehrerin sagt ihnen:
„Die Jugendherberge hat insgesamt 15 Drei- und Fünfbettzimmer. Darin stehen insgesamt 55 Betten.“
Ermittle grafisch die Anzahl der Drei- und Fünfbettzimmer.
Hinweis: Stelle je eine Gleichung zur Anzahl der Zimmer und eine zur Anzahl der Betten auf.

Anzahl der Zimmer: $x + y = 15$ bzw. $y = -x + 15$

Anzahl der Betten: $3x + 5y = 55$ bzw. $y = -\frac{3}{5}x + 11$

(x steht für die Anzahl der Dreibettzimmer.

y steht für die Anzahl der Fünfbettzimmer.)

Es gibt 10 Dreibettzimmer und 5 Fünfbettzimmer.

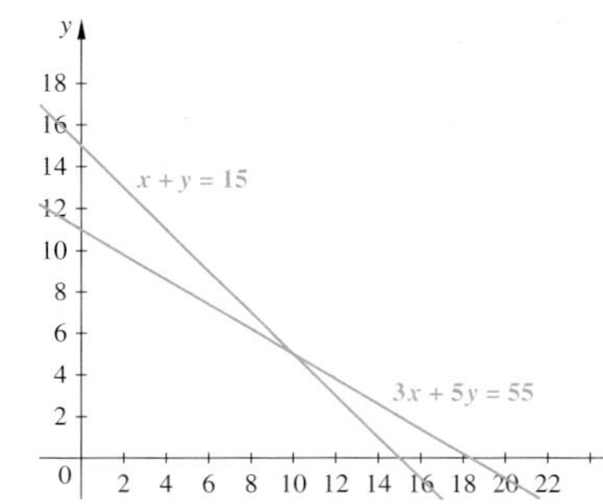

4 In einem Geldscheinzähler sind doppelt so viele 50-Euro-Scheine wie 20-Euro-Scheine. Der Gesamtwert der Scheine beträgt 600,00 Euro. Wie viele 50-Euro-Scheine und wie viele 20-Euro-Scheine sind im Geldscheinzähler?

Anzahl der Scheine: $y = 2x$

Wert der Scheine: $20x + 50y = 600$ bzw. $y = -\frac{2}{5}x + 12$

(x steht für die Anzahl der 20-Euro-Scheine.

y steht für die Anzahl der 50-Euro-Scheine.)

Es sind fünf 20-Euro-Scheine und zehn 50-Euro-Scheine.

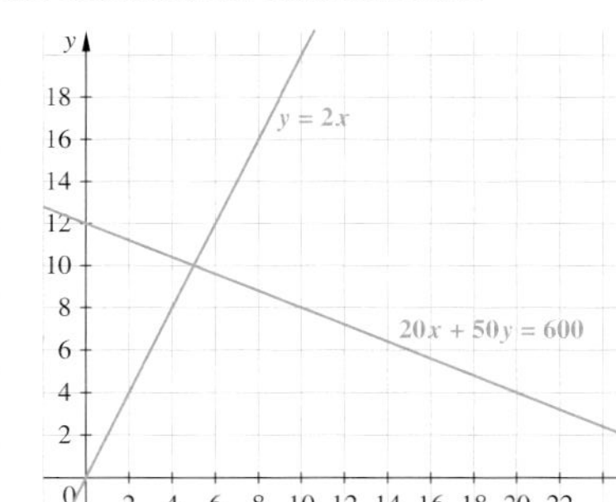

Einsetzungsverfahren

▶ Grundwissen

1. Gegebenenfalls eine Gleichung nach einer Variablen auflösen, damit das Einsetzungsverfahren angewandt werden kann.
2. Term der Gleichung, die nach einer Variable aufgelöst ist, für diese Variable in die andere Gleichung einsetzen und die Lösung der Gleichung berechnen.
3. Errechnete Lösung in eine gegebene Gleichung einsetzen und den Wert der zweiten Variablen berechnen.

Beispiel:
I $y = 5x$
II $2y = 2x + 8$

$2 \cdot 5x = 2x + 8$
$10x = 2x + 8 \quad | -2x$
$8x = 8 \quad | :8$
$x = 1$

$y = 5 \cdot 1$
$y = 5$
Lösung: (1 | 5)

▶ Auftrag: Betrachte das Beispiel und ergänze dementsprechend die Anweisungen.

Trainieren

1 Vervollständige die Schritte beim Lösen der Gleichungssysteme mit dem Einsetzungsverfahren.

a) I $y + x = 7$
II $y = 3x - 5$

$(3x - 5) + x = 7$
$4x - 5 = 7 \quad | +5$
$4x = 12 \quad | :4$
$x = 3$

$y = 3 \cdot 3 - 5$
$y = 4$
Lösung: (3 | 4)

b) I $2y = 4 - x$
II $y = x - 1$

$2 \cdot (x - 1) = 4 - x$
$2x - 2 = 4 - x \quad | +x$
$3x - 2 = 4 \quad | +2$
$3x = 6 \quad | :3$
$x = 2$

$y = 2 - 1$
$y = 1$
Lösung: (2 | 1)

c) I $x = 3y - 23$
II $6 + 4y = 5x$

$6 + 4y = 5 \cdot (3y - 23)$
$6 + 4y = 15y - 115 \quad | -4y$
$6 = 11y - 115 \quad | +115$
$121 = 11y \quad | :11$
$11 = y$

$x = 3 \cdot 11 - 23$
$x = 10$
Lösung: (10 | 11)

2 Löse die Gleichungssysteme mithilfe des Einsetzungsverfahrens.

a) I $2y = 8x - 4$
II $y = 3x + 7$

$2 \cdot (3x + 7) = 8x - 4$
$6x + 14 = 8x - 4 \quad | -6x$
$14 = 2x - 4 \quad | +4$
$18 = 2x \quad | :2$
$9 = x$

$y = 3 \cdot 9 + 7$
$y = 34$

Lösung: (9 | 34)

b) I $y = 12x + 8$
II $0{,}5y = 2x - 2$

$0{,}5 \cdot (12x + 8) = 2x - 2$
$6x + 4 = 2x - 2 \quad | -2x$
$4x + 4 = -2 \quad | -4$
$4x = -6 \quad | :4$
$x = -1{,}5$

$y = 12 \cdot (-1{,}5) + 8$
$y = -10$

Lösung: (−1,5 | −10)

c) I $y = 10x - 6$
II $x = 8y - 31$

$x = 8 \cdot (10x - 6) - 31$
$x = 80x - 48 - 31$
$x = 80x - 79 \quad | -80x$
$-79x = -79 \quad | :(-79)$
$x = 1$

$y = 10 \cdot 1 - 6$
$y = 4$

Lösung: (1 | 4)

3 Stelle die Gleichungen zur Berechnung des Werts der ersten Variable auf.
Überlege dabei, welche Terme sich zum Einsetzen anbieten.
Zusatzaufgabe: Überprüfe deine Gleichungen, indem du die Lösungen auf einem zusätzlichen Blatt ermittelst.
z. B.

a) I $2a = 8b + 2$
II $3a = 7 - 3b$

$3 \cdot (4b + 1) = 7 - 3b$

b) I $9c + 7d = -3$
II $2 + d = 9 - 5c$

$9c + 7 \cdot (7 - 5c) = -3$

c) I $8a + 4 = d$
II $2d = 8 + 16a$

$8 + 16a = 8 + 16a$

Lösung: (2 | −3) b) | Lösung: (a | $8a + 4$) c) | Lösung: – | Lösung: ($2\frac{1}{15}$ | $\frac{4}{15}$) a) | Lösung: (−8 | −3)

4 Ordne den Gleichungssystemen die Gleichungen zur Berechnung der ersten Variable zu.
Hinweis: Zeichne fünf Linien ein.

I $y = 7 + x$, II $y + x = 7$
I $2y - 4 = 7 - x$, II $2y = 4 - x$
I $2x = 5y - 23$, II $3x = 3y - 33$
I $4y - 24 = 8x - 4$, II $4x = 8y - 4$

$15y - 69 = 3y - 33$
$(4 - x) - 4 = 7 - x$
$2 \cdot (y - 11) = 5y - 23$
$(7 + x) + x = 7$
$2y - 12 = (8y - 4) - 2$

Anwenden und Vernetzen

5 Ein Rechteck hat einen Umfang von 19 m. Die eine Seite ist 5 m länger als die andere.
Wie lang sind die Seiten des Rechtecks?

I $a = 5 + b$
II $19 = 2a + 2b$
(a steht für die Länge der längeren Seite in m und b für die Länge der kürzeren Seite in m.)

$19 = 2 \cdot (5 + b) + 2b$
$19 = 10 + 4b \quad | -10$
$9 = 4b \quad | :4$
$2{,}25 = b$

$a = 5 + 2{,}25 = 7{,}25$
$a = 7{,}25$

Die Seiten des Rechtecks sind 2,25 m und 7,25 m lang.

6 Bei einem Handytarif ohne Grundgebühr wird zwischen Haupt- und Nebenzeit unterschieden.
Eine Gesprächsminute in der Hauptzeit kostet 0,11 Euro und in der Nebenzeit 0,07 Euro.
Die Monatsrechnung weist Gesprächsgebühren von 12,30 Euro und eine Gesamtdauer aller Einzelgespräche von 150 Minuten aus.
Wie lange hat der Kunde in der Hauptzeit telefoniert, wie lange in der Nebenzeit?

Anzahl aller Gesprächsminuten: I $x + y = 150$ ($y = 150 - x$)
Gesamtkosten der Gesprächsgebühren: II $0{,}11x + 0{,}07y = 12{,}30$
(x steht für die Anzahl der Gesprächsminuten in der Hauptzeit und y für die Anzahl in der Nebenzeit.)

$0{,}11x + 0{,}07 \cdot (150 - x) = 12{,}30$
$0{,}11x + 10{,}5 - 0{,}07x = 12{,}30 \quad | -10{,}5$
$0{,}04x = 1{,}8 \quad | :0{,}04$
$x = 45$

$y = 150 - 45$
$y = 105$

Der Kunde hat in diesem Monat 45 Minuten in der Hauptzeit und 105 Minuten in der Nebenzeit telefoniert.

Gleichsetzungsverfahren

▶ Grundwissen

1. Gegebenenfalls beide Gleichungen nach derselben Variablen umformen (oder nach dem gleichen Term mit nur einer Variablen), damit das Gleichsetzungsverfahren angewandt werden kann.
2. Terme gleichsetzen und die Lösung der Gleichung berechnen.
3. Errechnete Lösung in eine gegebene Gleichung einsetzen und den zweiten Wert der zweiten Variablen berechnen.

Beispiel: I $y = 6x$
II $y = 5x + 5$

$6x = 5x + 5 \quad | -5x$
$x = 5$

$y = 6 \cdot 5$
$y = 30$

Lösung: (5 | 30)

▶ Auftrag: Betrachte das Beispiel und ergänze dementsprechend die Anweisungen.

Trainieren

1 Stelle jeweils beide Gleichungen nach der im Stern angegebenen Variablen um.
Hinweis: Nutze gegebenenfalls ein zusätzliches Blatt zum Umstellen der Gleichungen.

a) I $y + x = 7$, II $y - x = 5$ (☆ y)
I $y = 7 - x$
II $y = 5 + x$

b) I $2y = 4 - x$, II $y + 5 = x$ (☆ y)
I $y = 2 - 0{,}5x$
II $y = x - 5$

c) I $30x = 10y - 40$, II $5 + 5y = 20x$ (☆ y)
I $y = 3x + 4$
II $y = 4x - 1$

d) I $y + x = 7$, II $8 + x = 3y$ (☆ x)
I $x = 7 - y$
II $x = 3y - 8$

e) I $21y = 14 - 7x$, II $y + 2 = x - 1$ (☆ x)
I $x = 3y - 2$
II $x = y + 3$

f) I $9x = 63y - 81$, II $6 + 4y = 5x - 3$ (☆ x)
I $x = 7y - 9$
II $x = 0{,}8y + 1{,}8$

2 Löse die Gleichungssysteme mithilfe des Gleichsetzungsverfahrens.

a) I $y = 4x - 2$
II $y = 3x + 7$

$4x - 2 = 3x + 7 \quad | -3x$
$x - 2 = 7 \quad | +2$
$x = 9$

$y = 4 \cdot 9 - 2$
$y = 34$

Lösung: (9 | 34)

b) I $5x + 7 = y$
II $y = 2x - 2$

$5x + 7 = 2x - 2 \quad | -2x$
$3x + 7 = -2 \quad | -7$
$3x = -9 \quad | : 3$
$x = -3$

$5 \cdot (-3) + 7 = y$
$-8 = y$

Lösung: (−3 | −8)

c) I $2x = 10y - 6$ $(x = 5y - 3)$
II $x = 8y + 3$

$5y - 3 = 8y + 3 \quad | -5y$
$-3 = 3y + 3 \quad | -3$
$-6 = 3y \quad | : 3$
$-2 = y$

$x = 8 \cdot (-2) + 3$
$x = -13$

Lösung: (−13 | −2)

3 Markiere den Fehler.

I $7y - 1 = 2x$
II $6y + 4 = 2x$

$7y - 1 = 6y + 4 \quad | -6y$
$y - 1 = 4 \quad | +1$
$y = 5$

(12 | 5)
Lösung: (5 | 12)

4 Stelle die Gleichungen zur Berechnung des Werts der ersten Variablen auf.
Überlege dabei, welche Terme sich zum Gleichsetzen anbieten.
Hinweis: Forme gegebenenfalls eine der Gleichungen im Kopf um.

z. B.
a) I $a : 4 = 7b + 2$
II $a : 4 = 7 - 3b$
$7b + 2 = 7 - 3b$

b) I $9c + 7 = d$
II $d = 8 - 0{,}3c - 2$
$9c + 7 = 8 - 0{,}3c - 2$

c) I $2e = 8f - 6$
II $2e = 8f + 36$
$8f - 6 = 8f + 36$

d) I $7h = 4g - 2$
II $4g = 4h + 7$
$7h + 2 = 4h + 7$

e) I $5i + 7 = k$
II $5k = 2i - 2$
$5i + 7 = 0{,}4i - 0{,}4$

f) I $2l = 10m - 6$
II $8m = 8l + 8$
$10m - 6 = 2m - 2$

5 Maja behauptet, das Gleichungssystem hat keine Lösung.
Hat sie recht? Begründe deine Meinung.

I $7a + 4 = 5d$
II $5d = 5 + 7a$

Sie hat recht.
Man erhält die falsche Aussage „4 = 5", somit existiert keine Lösung.

Anwenden und Vernetzen

6 Zwei Internet-Anbieter werben um Neukunden.

TURBOSURF
nur 0,9 Cent/min*
*zzgl. Grundgebühr 4,99 €/Monat

neu bei
DreamNet
Flatrate in alle Netze für **9 €/Monat**

a) Für wie viele Stunden monatliche Nutzungsdauer sind die Angebote etwa gleich teuer?

Tarif Turbosurf: $y = 0{,}009x + 4{,}99$
Tarif DreamNet: $y = 9$
(x steht für die monatliche Nutzungsdauer in Minuten und y für den Monatspreis.)

$0{,}009x + 4{,}99 = 9 \quad | -4{,}99$
$0{,}009x = 4{,}01 \quad | : 0{,}009$
$x \approx 445{,}5$
$445{,}5 : 60 \approx 7{,}4$

Bei einer Nutzungsdauer von 7,4 h (7 h 24 min) sind beide Angebote etwa gleich teuer.

b) Veranschauliche beide Tarife.
Kennzeichne den Bereich, in dem der Tarif DreamNet günstiger ist, und den Bereich, in dem Turbosurf besser abschneidet.

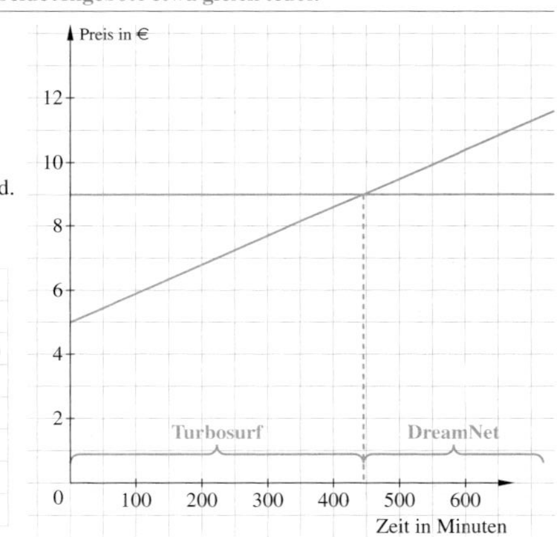

c) Verändere eines der beiden Angebote so, dass die Tarife bei einer Nutzungsdauer von 20 Stunden gleich teuer sind.
Zusatzaufgabe: Überprüft und bewertet eure Vorschläge gegenseitig.

z. B.
Tarif Turbosurf: $y = z \cdot (20 \cdot 60) + 4{,}99$
(z steht für den neuen Minutenpreis.)
Tarif DreamNet: $y = 9$

$z \cdot (20 \cdot 60) + 4{,}99 = 9 \quad | -4{,}99$
$1\,200 \cdot z = 4{,}01 \quad | : 1\,200$
$z \approx 0{,}0033$

Es könnte dazu z. B. der Minutenpreis beim Tarif Turbosurf auf 0,33 Cent pro Minute gesenkt werden.

Additionsverfahren

▶ **Grundwissen**

1. Gegebenenfalls eine oder beide Gleichungen so umformen, dass beim Addieren eine der Variablen wegfällt.
2. Addieren der jeweils links bzw. rechts stehenden Terme und Lösen der entstandenen Gleichung mit einer Unbekannten.
3. Errechnete Lösung in eine gegebene Gleichung einsetzen und den Wert der zweiten Variablen berechnen.

Beispiel:
I $-3y = -4x - 7$
II $2y = 4x + 1$

$-3y + 2y = -4x - 7 + 4x + 1$
$-y = -6 \quad |\cdot(-1)$
$y = 6$

$-3\cdot 6 = -4x - 7 \quad |+7$
$-11 = -4x \quad |:(-4)$
$2{,}75 = x$

Lösung: (2,75 | 6)

▶ Auftrag: Betrachte das Beispiel und ergänze dementsprechend die Anweisungen.

Trainieren

1 Ermittle durch Addieren beider Gleichungen jeweils eine Gleichung mit nur einer Variablen.
Hinweis: Unterstreiche jeweils zuerst den Term mit der Variablen, die wegfallen soll.

a) I $y + x = 17$
II $2y - x = 5$
I + II $y + 2y = 17 + 5$ $(3y = 21)$

b) I $-2y = 4 - x$
II $2y + 5 = -x$
I + II $5 = 4 - x - x$ $(5 = 4 - 2x)$

c) I $30x = -5y - 40$
II $5 + 5y = 20x$
I + II $30x + 20x = -40 + 5$ $(50x = -35)$

2 Forme jeweils die obere Gleichung so um, dass beim Addieren eine der Variablen wegfällt.
Hinweis: Unterstreiche jeweils zuerst den Term mit der Variablen, die wegfallen soll.

a) I $y + x = 5 \quad |\cdot(-2)$
II $6 + 2x = 4y$
I′ $-2y - 2x = -10$
II $6 + 2x = 4y$
I′ + II $-2y + 6 = -10 + 4y$

b) I $y = 14 - 7x \quad |\cdot(-1)$
II $y + 2 = x - 1$
I′ $-y = -14 + 7x$
II $y + 2 = x - 1$
I′ + II $2 = -14 + 7x + x - 1$ $(2 = 8x - 15)$

c) I $2x = 12y - 13 \quad |\cdot 2$
II $6 - 4x = 5y - 3$
I′ $4x = 24y - 26$
II $6 - 4x = 5y - 3$
I′ + II $6 = 24y - 26 + 5y - 3$ $(6 = 29y - 29)$

3 Stelle die Gleichungen zur Berechnung des Werts der ersten Variablen auf. Berechne sie damit.
Zusatzaufgabe: Überprüfe deine Gleichungen, indem du die Lösungen ermittelst.

a) I $2a + 7b = -68$
II $a - 5b = 51$
z. B.
I′ $2a + 7b = -68$
II′ $-2a + 10b = -102$
$17b = -170$
$b = -10$

b) I $9c - 10{,}8 = 3d$
II $-18c + 2d = -9{,}6$
I′ $18c - 6d = 21{,}6$
II′ $-18c + 2d = -9{,}6$
$-4d = 12$
$d = -3$

c) I $6c + 25{,}5 = 3d$
II $4d = 40{,}5 - 18c$
I′ $9d = 76{,}5 + 18c$
II′ $4d = 40{,}5 - 18c$
$13d = 117$
$d = 9$

Lösung: (1 | −10) a)	Lösung: (1 | 9)	Lösung: (0,25 | 9) c)	Lösung: (0,2 | −3) b)

4 Löse die Gleichungssysteme mithilfe des Additionsverfahrens.

a) I $y = 3x - 8$
II $-2y = -3x + 7$

$y - 2y = 3x - 8 - 3x + 7$
$-y = -1 \quad |:(-1)$
$y = 1$
$1 = 3\cdot x - 8 \quad |+8$
$9 = 3x \quad |:3$
$3 = x$
Lösung: (3 | 1)

b) I $5x + 3y = 19$
II $2x - 3y = -5$

$5x + 3y + 2x - 3y = 14$
$7x = 14 \quad |:7$
$x = 2$
$5\cdot 2 + 3y = 19 \quad |-10$
$3y = 9 \quad |:3$
$y = 3$
Lösung: (2 | 3)

c) I $-2x - 10y = 0$
II $y + 2x = 9$

$-2x - 10y + y + 2x = 0 + 9$
$-9y = 9 \quad |:(-9)$
$y = -1$
$-1 + 2x = 9 \quad |+1$
$2x = 10 \quad |:2$
$x = 5$
Lösung: (5 | −1)

Anwenden und Vernetzen

5 Tom kaufte zwei gleiche Sport-Shirts und drei gleiche Paar Socken für insgesamt 75,50 €. Da ein Sport-Shirt einen Materialfehler hat, gibt er es am nächsten Tag zurück. Er nimmt bei dieser Gelegenheit noch ein Paar der gleichen Socken und erhält an der Kasse 29,00 €.
Tom hat letztendlich ein neues Shirt und vier Paar Socken. Gib den Preis eines Sport-Shirts und den Preis von einem Paar Socken an.

z. B.
I $2x + 3y = 75{,}5$ (x steht für den Preis der Sport-Shirts in Euro und y für den der Socken.)
II $x + 4y = 75{,}5 - 29$

I $2x + 3y = 75{,}5$
II $-2x - 8y = -93$

$-5y = -17{,}5$
$y = 3{,}5$

$x + 4\cdot 3{,}5 = 75{,}5 - 29$
$x + 14 = 46{,}5 \quad |-14$
$x = 32{,}5$

Das Sport-Shirt kostet 32,50 € und jedes Paar Socken 3,50 €.

6 Löse die Zahlenrätsel mit einem Verfahren deiner Wahl.

a) Welche beiden Zahlen haben die Summe 16 und die Differenz 2?

9 und 7 sind die gesuchten Zahlen.

a) I $a + b = 16$
II $a - b = 2$
$2a = 18 \quad |:2$
$a = 9$
$9 + b = 16 \quad |-9$
$b = 7$

b) Das Doppelte einer rationalen Zahl ist um 20 größer als die Hälfte einer zweiten.
Die erste Zahl ist um 11 kleiner als die zweite.
Welche Zahlen sind es?

17 und 28 sind die gesuchten Zahlen.

b) I $2a = 0{,}5b + 20$
II $a = b - 11$
$2\cdot(b - 11) = 0{,}5b + 20$
$2b - 22 = 0{,}5b + 20 \quad |-0{,}5b + 22$
$1{,}5b = 42 \quad |:1{,}5$
$b = 28$
$a = 28 - 11 = 17$

Lineare Funktionen

▶ Grundwissen

- Eine Funktion der Form $y = mx + n$ (bzw. $f(x) = mx + n$) heißt lineare Funktion.
- Der Graph einer linearen Funktion ist eine Gerade.

Beispiel: Eine Ferienwohnung kostet pro Tag 50 €.
Zusätzlich sind 40 € für die Endreinigung zu zahlen.

$y =$ $50x + 40$ (x steht für die Anzahl der Tage. y steht für die Gesamtkosten in Euro.)

x	3	4	5	6	7
y	190	240	290	340	390

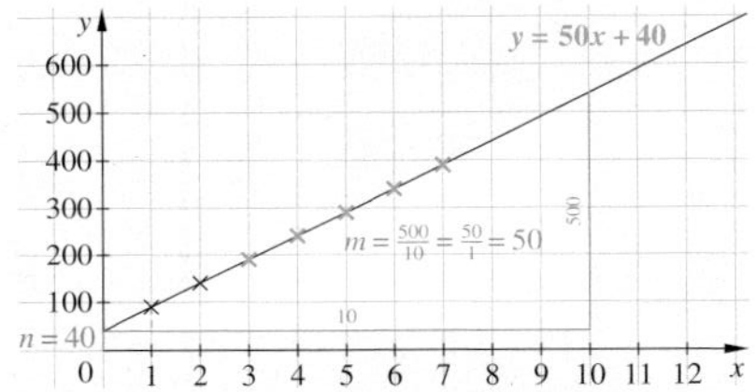

▶ Auftrag: Ergänze die Funktionsgleichung und die Tabelle. Trage die zugehörigen Punkte im Koordinatensystem ein.

Trainieren

1 Verschiedenartige Funktionen

① $y = x \cdot x$

x	−2	−1	0	1	2
y	4	1	0	1	4

② $y = x$

x	−2	−1	0	1	2
y	−2	−1	0	1	2

③ $y = 2x + 1{,}5$

x	−2	−1	0	1	2
y	−2,5	−0,5	1,5	3,5	5,5

④ $y = 1 : x$

x	−2	−1	0	1	2
y	−0,5	−1	n. d.	1	0,5

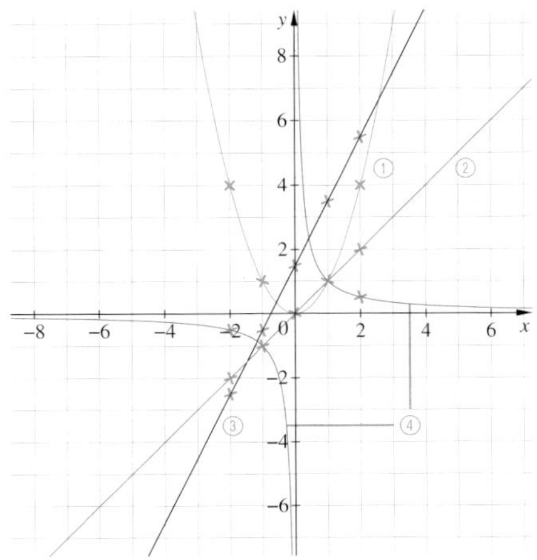

a) Ergänze die Wertetabellen.

b) Trage entsprechende Punkte im Koordinatensystem ein und ordne die passenden Graphen zu.

c) Gib die beiden linearen Funkionen an und nenne jeweils mindestens zwei ihrer Eigenschaften.

Eine lineare Funktion ist $y =$ x.
z. B.
Der Graph ist eine Gerade, die durch den Koordinatenursprung (0|0) verläuft. Die Steigung ist 1 ($m = 1$).

Die Gerade ist die Winkelhalbierende des 1. Quadranten. Es ist eine proportionale Zuordnung.

Eine lineare Funktion ist $y =$ $2x + 1{,}5$.
z. B.
Der Graph ist eine Gerade mit der Steigung 2 ($m = 2$). Er schneidet die y-Achse bei 1,5.

Nullstelle ist $x = -0{,}75$.

2 Lineare Funktionen mit Gemeinsamkeiten

a) Gib die Funktionsgleichungen an.
Hinweis: „$f(x)$" steht für „y".

① $y =$ $-x$

② $y =$ $-x + 3$

③ $y =$ $-x - 3$

④ $y =$ $0{,}5x$

⑤ $f(x) =$ $0{,}5x + 2$

⑥ $f(x) =$ $0{,}5x - 2$

⑦ $f(x) =$ -3

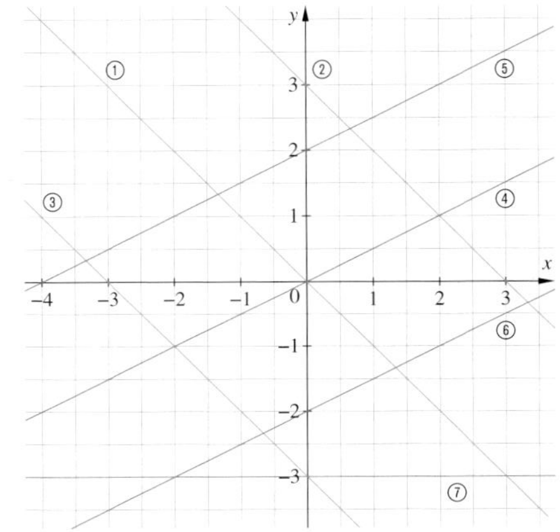

b) Der Graph einer Funktion verläuft parallel zu $f(x) = -x - 3$ und durch den Punkt $P(0\,|\,-7)$.
Gib die zugehörige Funktionsgleichung an. $f(x) = -x - 7$ ($y = -x - 7$)

c) Der Graph einer Funktion verläuft senkrecht zu $f(x) = -x - 3$ und durch den Punkt $P(0\,|\,3)$.
Gib die zugehörige Funktionsgleichung an. $f(x) = x + 3$ ($y = x + 3$)

Anwenden und Vernetzen

3 Helena möchte für sich und ihre Freundinnen Shirts im Internet bestellen. Jedes Shirt kostet 20 €.
Für Versand und Verpackung sind einmalig 6 € zu zahlen.

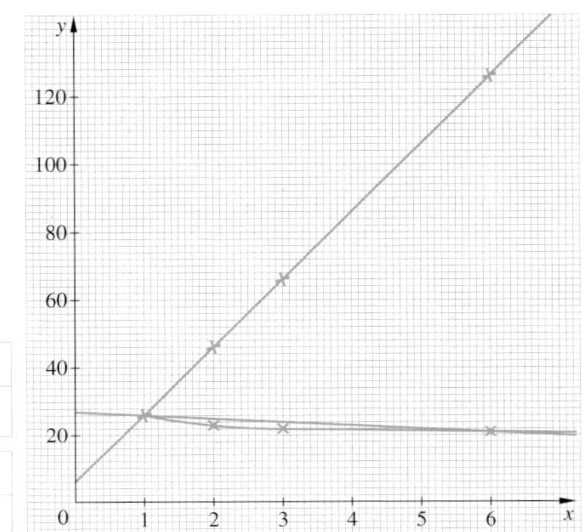

a) Ergänze die Tabellen.

Anzahl der Shirts	1	2	3	6
Gesamtkosten in €	26	46	66	126

Anzahl der Shirts	1	2	3	6
Kosten je Shirt in €	26	23	22	21

b) Trage alle entsprechenden Punkte im Koordinatensystem ein.
Was fällt auf?
Der Graph der zweiten Zuordnung nähert sich $y = 20$ an.
Die zweite Zuordnung ist keine lineare Funktion, da die Punkte nicht auf einer Geraden liegen.

c) Gib passende Funktionsgleichungen an.

Anzahl der Shirts → Gesamtkosten in € $f(x) = 20x + 6$ ($y = 20x + 6$)

Anzahl der Shirts → durchschnittliche Kosten je Shirt in € $f(x) = (20x + 6) : x = 20 + 6 : x$ ($y = (20x + 6) : x$)

Lineare Funktionen und ihre Umkehrung

▶ Grundwissen

- Die Umkehrfunktion einer Funktion ordnet jedem Wert aus dem Wertebereich (y-Wert) den dazu passenden Wert aus dem Definitionsbereich (x-Wert) zu.
- Spiegelt man den Graphen einer linearen Funktion ($f(x) = mx + n$) an der Winkelhalbierenden ($f(x) = x$), erhält man den Graphen der Umkehrfunktion ($f^{-1}(x) = \frac{1}{m}x - \frac{n}{m}$).

Beispiel:
Funktion: Anzahl der Kartons → Preis inklusive Lieferung
$f(x) = 2x + 4$

x	1	2	3	4	5
y	6	8	10	12	14

Umkehrfunktion: Preis inklusive Lieferung → Anzahl der Kartons
$f^{-1}(x) = 0{,}5x - 2$

x	6	8	10	12	14
y	1	2	3	4	5

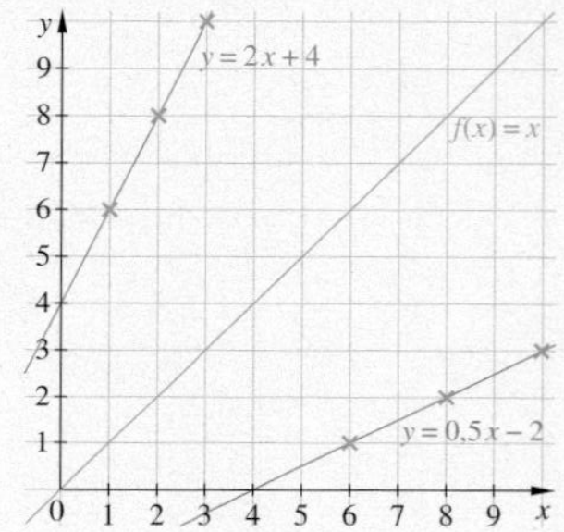

▶ Auftrag: Ergänze die Tabellen und trage je drei zugehörige Punkte im Koordinatensystem ein.

Trainieren

1 Zeichne die Graphen der Umkehrfunktionen ein und ergänze die Wertetabellen.

a) Funktion $f(x) = -2x + 5$

x	−1	0	2	4	6
y	7	5	1	−3	−7

Umkehrfunktion $f^{-1}(x) = -0{,}5x + 2{,}5$

x	7	5	1	−3	−7
y	−1	0	2	4	6

b) Funktion $f(x) = 0{,}5x - 1$

x	−6	−2	0	2	6
y	−4	−2	−1	0	2

Umkehrfunktion $f^{-1}(x) = 2x + 2$

x	−4	−2	−1	0	2
y	−6	−2	0	2	6

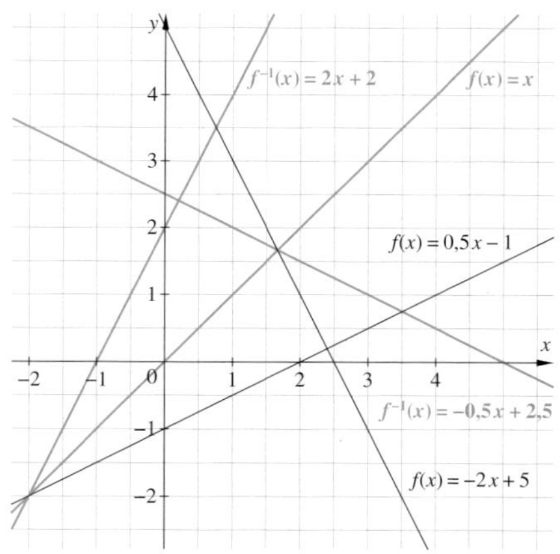

2 Gib jeweils die Gleichungen der Funktion bzw. der Umkehrfunktion an.
Zusatzaufgabe: Zeichne die zugehörigen Graphen auf einem zusätzlichen Blatt oder mit einem Funktionenplotter.

a) $f(x) = -5x + 5$ — $f^{-1}(x) = -0{,}2x + 1$
b) $f(x) = -0{,}2x - 4$ — $f^{-1}(x) = -5x - 20$
c) $f(x) = 2{,}5x + 7{,}5$ — $f^{-1}(x) = 0{,}4x - 3$
d) $f(x) = -x + 7$ — $f^{-1}(x) = -x + 7$
e) $f^{-1}(x) = -4x + 1{,}2$ — $f(x) = -0{,}25x + 0{,}3$
f) $f^{-1}(x) = -0{,}1x - 0{,}5$ — $f(x) = -10x - 5$
g) $f^{-1}(x) = 0{,}25x + 1$ — $f(x) = 4x - 4$
h) $f^{-1}(x) = -8x + 4$ — $f(x) = -0{,}125x + 0{,}5$

3 Lineare Funktionen und ihre Umkehrfunktionen

Funktion	Umkehrfunktion
$f(x) = -3x - 3$	$f^{-1}(x) = \frac{1}{3}x - 1$
$f(x) = \frac{1}{3}x - 1$	$f^{-1}(x) = -3x - 3$
$f(x) = 0{,}5x - 3$	$f^{-1}(x) = 2x + 6$
$f(x) = 2x + 6$	$f^{-1}(x) = 0{,}5x - 3$
$f(x) = 2x$	$f^{-1}(x) = 0{,}5x$
$f(x) = 0{,}5x$	$f^{-1}(x) = 2x$
$f(x) = 7$	$f^{-1}(x) =$ (existiert nicht)
$f(x) = x$	$f^{-1}(x) = x$

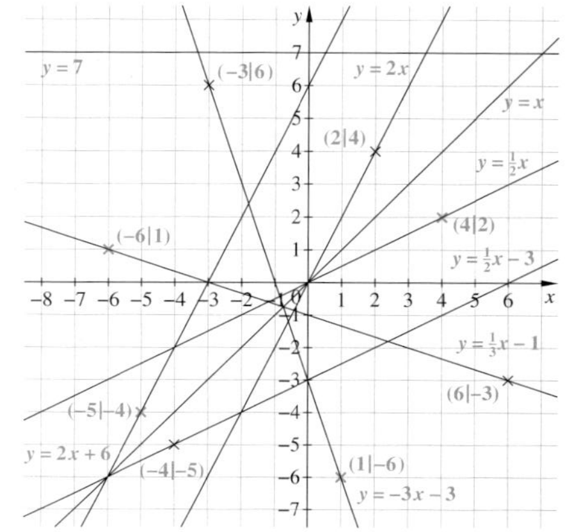

a) Ergänze die Funktionsgleichungen zu den Graphen.
Zusatzaufgabe: Überprüfe jeweils rechnerisch, ob die Funktionsgleichung der Umkehrfunktion stimmen kann.

b) Alan sagt: „Das Produkt der Steigungen muss in jeder Zeile gleich sein.“
Hat er recht?
Begründe deine Meinung.
z. B.
Ja, er hat recht. $m \cdot \frac{1}{m} = \frac{m \cdot 1}{m} = \frac{m}{m} = 1$

c) Auf vier Graphen ist ein Punkt markiert.
Gib in der Zeichnung die Koordinaten des Punktes und des entsprechenden Punktes der Umkehrfunktion an.

Anwenden und Vernetzen

4 Zuordnungen und ihre Umkehrungen

① Zuordnung: durchschnittliche Geschwindigkeit → zurückgelegter Weg
Umkehrung: zurückgelegter Weg → durchschnittliche Geschwindigkeit

② Zuordnung: Gesamtpreis einer Taxifahrt → Grundgebühr und gefahrene Kilometer
Umkehrung: Grundgebühr und gefahrene Kilometer → Gesamtpreis einer Taxifahrt

③ Zuordnung: Telefonnummer → Adresse des Angerufenen
Umkehrung: Adresse des Angerufenen → Telefonnummer

a) Schreibe die Umkehrung jeder Zuordnung auf.
Zusatzaufgabe: Schreibe eine Sachaufgabe zu einer Zuordnung und ihre Umkehrung auf ein zusätzliches Blatt. individuelle Lösung

b) Kreuze die linearen Funktionen an. ☒ ① ☒ ② ☐ ③

c) Begründe, warum eine der Zuordnungen keine lineare Funktion ist.
Hinweis: Welche Schwierigkeiten können auftreten?

Telefonnummer → Adresse des Angerufenen (Adresse des Angerufenen → Telefonnummer) kann durch keine Gleichung der Form $f(x) = mx + n$ beschrieben werden.
Es ist keine eindeutige Zuordnung (Funktion), da z. B. mehrere Familienmitglieder unter einer Nummer erreichbar sind und eine Person zwei Anschlüsse besitzen kann.

Quadratzahlen und Quadratwurzeln

▶ Grundwissen

- Die Quadratwurzel von a ist diejenige nichtnegative Zahl, die mit sich selbst multipliziert a ergibt.
- Bei nichtnegativen Zahlen ist das Wurzelziehen die Umkehrung des Quadrierens und das Quadrieren die Umkehrung des Wurzelziehens.

Beispiele: $\sqrt{4} = 2$, denn $2^2 = 4$ individuelle Lösung

▶ Auftrag: Ergänze das Beispiel und gib ein weiteres Beispiel an.

Trainieren

1 Ergänze in einer Minute möglichst viele Quadratzahlen von 1 bis 20.

x	1	2	3	4	5	6	7	8	9	10
x^2	1	4	9	16	25	36	49	64	81	100

x	11	12	13	14	15	16	17	18	19	20
x^2	121	144	169	196	225	256	289	324	361	400

2 Berechne die Quadratzahlen, ohne den Taschenrechner zu nutzen.
Hinweis: Nutze die Ergebnisse aus den Tabellen bei Aufgabe 1.

a) $10^2 = 100$; $1^2 = 1$; $0{,}1^2 = 0{,}01$; $0{,}01^2 = 0{,}0001$

b) $30^2 = 900$; $3^2 = 9$; $0{,}3^2 = 0{,}09$; $0{,}03^2 = 0{,}0009$

c) $70^2 = 4900$; $7^2 = 49$; $0{,}7^2 = 0{,}49$; $0{,}07^2 = 0{,}0049$

d) $130^2 = 16900$; $13^2 = 169$; $1{,}3^2 = 1{,}69$; $0{,}13^2 = 0{,}0169$

3 Berechne die Quadratwurzeln, ohne den Taschenrechner zu nutzen.
Hinweis: Nutze die Ergebnisse aus den Tabellen bei Aufgabe 1.

a) $\sqrt{400} = 20$; $\sqrt{4} = 2$; $\sqrt{0{,}04} = 0{,}2$; $\sqrt{0{,}0004} = 0{,}02$

b) $\sqrt{8100} = 90$; $\sqrt{81} = 9$; $\sqrt{0{,}81} = 0{,}9$; $\sqrt{0{,}0081} = 0{,}09$

c) $\sqrt{32400} = 180$; $\sqrt{324} = 18$; $\sqrt{3{,}24} = 1{,}8$; $\sqrt{0{,}0324} = 0{,}18$

d) $\sqrt{12100} = 110$; $\sqrt{256} = 16$; $\sqrt{1{,}44} = 1{,}2$; $\sqrt{0{,}0225} = 0{,}15$

4 Ermittle die Ergebnisse im Kopf.
Hinweis: Nutze die Ergebnisse aus den Tabellen bei Aufgabe 1.

a) $0{,}07^2 = 0{,}0049$ b) $90^2 = 8100$ c) $1{,}9^2 = 3{,}61$

d) $\sqrt{0{,}25} = 0{,}5$ e) $\sqrt{0{,}0064} = 0{,}08$ f) $\sqrt{10000} = 100$

g) $\sqrt{100} + 1^2 = 11$ h) $\sqrt{81} + 9^2 = 90$ i) $\sqrt{0{,}49} + 11^2 = 121{,}7$

j) $\sqrt{4} + 1^2 = 3$ k) $\sqrt{1{,}21} + 3^2 = 10{,}1$ l) $\sqrt{0{,}0144} + 6^2 = 36{,}12$

Ergebnisse zum Abstreichen:

0,0049	0,08
0,5	3
3,61	10,1
11	36,12
90	100
121,7	8100

5 Seitenlängen und Flächeninhalte von Quadraten

a) Ergänze zuerst die Seitenlänge bzw. den Flächeninhalt. Zeichne danach beide Quadrate.

Quadrat ①: Seitenlänge: 40 mm
Flächeninhalt: $1600\,\text{mm}^2$ $(= 16\,\text{cm}^2)$

Quadrat ②: Seitenlänge: 30 mm (= 3 cm)
Flächeninhalt: $900\,\text{mm}^2$

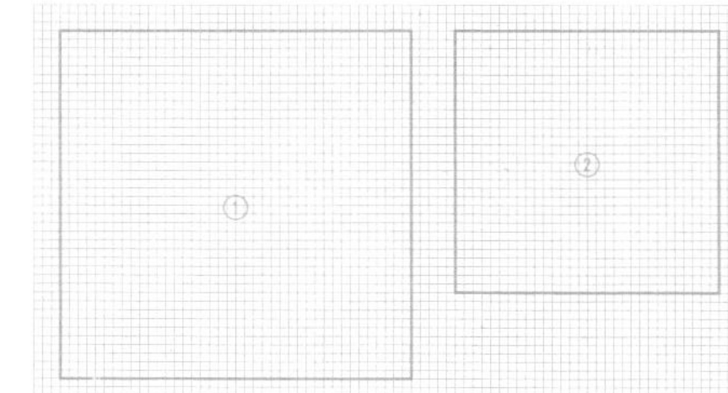

b) Es sind Seitenlängen und Flächeninhalte von unterschiedlich großen Quadraten gegeben. Entscheide ohne Taschenrechner, welche vier Paare zusammengehören. Zeichne Linien ein.

3 cm — 9 cm²
9 cm — 81 cm²
18 cm — 324 cm²
1,8 cm — 3,24 cm²
32,4 cm²
0,9 cm

Anwenden und Vernetzen

6 In der Dämmerung werden Gegenstände mit einem Fernglas umso besser gesehen, je größer und heller sie erscheinen.
Es wurde festgestellt, dass die Erkennbarkeit mit der Wurzel aus dem Produkt von Objektivdurchmesser und Vergrößerung steigt.
Zur Auswahl stehen Ferngläser mit folgenden Daten.
Berechne die Dämmerungszahl jedes Modells.
Welche beiden Gläser sind demnach für die Dämmerung besonders zu empfehlen?

Modell	A	B	C	D	E	F
…-fache Vergrößerung	8	20	12	8	10	25
Objektivdurchmesser in mm	30	50	40	40	25	30
Dämmerungszahl	15,49	31,62	21,91	17,89	15,81	27,39

Die Modelle B und F sind für Dämmerung besonders zu empfehlen.

7 Differenzen von Quadratzahlen

a) Schreibe die Differenz der jeweils aufeinander folgenden Quadratzahlen von 1 bis 10 auf. Was fällt dir auf?

3; 5; 7; 9; 11; 13; 15; 17; 19

Es entsteht die Folge ungerader Zahlen von 3 bis 19.

b) Überprüfe deine Regel von Teilaufgabe a am Beispiel der Quadrate von 99; 100 und 101.

$99^2 = 9801$ $100^2 = 10000$ $101^2 = 10201$

$10000 - 9801 = 199$ $10201 - 10000 = 201$

Für dieses Beispiel gilt die bei Teilaufgabe a genannte Regel.

Quadratische Funktionen

▶ Grundwissen

- Eine Funktion der Form $y = ax^2$ (bzw. $f(x) = ax^2$) heißt quadratische Funktion.
- Der Graph einer quadratischen Funktion ist eine gekrümmte Linie (Parabel).

Beispiel: Zahl → ein Drittel des Quadrats der Zahl

$y = \frac{1}{3}x^2$

x	−3	−2	0	2	3
y	3	$1\frac{1}{3}$	0	$1\frac{1}{3}$	3

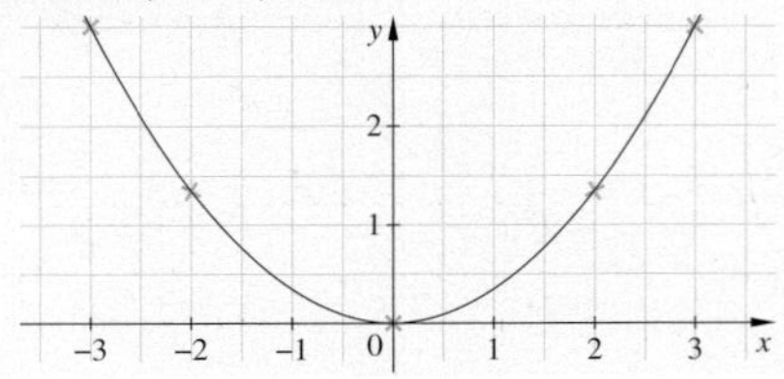

▶ Auftrag: Ergänze die Funktionsgleichung und die Tabelle. Trage die zugehörigen Punkte im Koordinatensystem ein.

Trainieren

1 Wertetabellen und Graphen quadratischer Funktionen

① $y = x^2$

x	−3	−2	0	2	3
y	9	4	0	4	9

② $y = 2x^2$

x	−2	−1	0	1	2
y	8	2	0	2	8

③ $y = 0{,}1\,x^2$

x	−7	−5	0	5	6
y	4,9	2,5	0	2,5	3,6

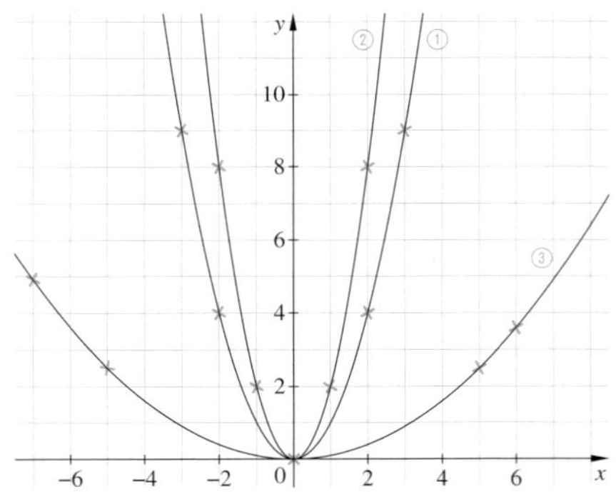

a) Ergänze die Wertetabellen.

b) Trage entsprechende Punkte im Koordinatensystem ein und ordne die passenden Graphen zu.

2 Skizziere die Graphen der quadratischen Funktionen im 1. Quadranten. Wähle geeignete Werte für x.
Zusatzaufgabe: Zeichne die Graphen mit einem Funktionenplotter. Was stellst du fest? individuelle Lösung

z. B.

① $y = 3x^2$

x	0	1	1,5	2	2,5
y	0	3	6,75	12	18,75

② $y = 0{,}25\,x^2$

x	0	1	2	3	4
y	0	0,25	1	2,25	4

③ $y = 0{,}05\,x^2$

x	0	1	5	10	15
y	0	0,05	1,25	5	11,25

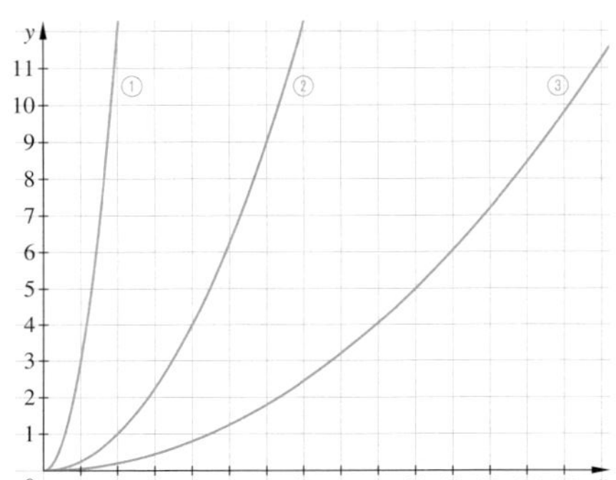

3 In einem Fahrschulbuch steht:
Für die Energie E, die ein Körper der Masse m aufgrund seiner Geschwindigkeit v besitzt, gilt $E = \frac{1}{2}mv^2$.

a) Kreuze die zur Berechnung der Energie richtig aufgestellten Funktionsgleichungen an.

① 800 kg schweres Auto

☐ $y = 800\,xv^2$ ☒ $f(x) = 400x^2$

② 1 200 kg schweres Auto

☐ $y = \frac{1}{2}xv^2$ ☒ $f(x) = 600x^2$

b) Ergänze die Wertetabelle für 800 kg und 1 200 kg schwere Fahrzeuge.

Geschwindigkeit in $\frac{m}{s}$	5	10	15	20	25	30
Energie des 800 kg schweren Autos in J	10 000	40 000	90 000	160 000	250 000	360 000
Energie des 1200 kg schweren Autos in J	15 000	60 000	135 000	240 000	375 000	540 000

c) Skizziere danach die dazugehörigen Graphen.

d) Die Masse des Fahrzeugs wird verdoppelt.
Die Geschwindigkeit bleibt gleich.
Wie verändert sich die entsprechende Energie?

Die Energie wird auch verdoppelt.

e) Die Geschwindigkeit eines Autos wird verdoppelt.
Die Masse des Autos bleibt gleich.
Wie verändert sich die entsprechende Energie?

Die Energie wird vervierfacht.

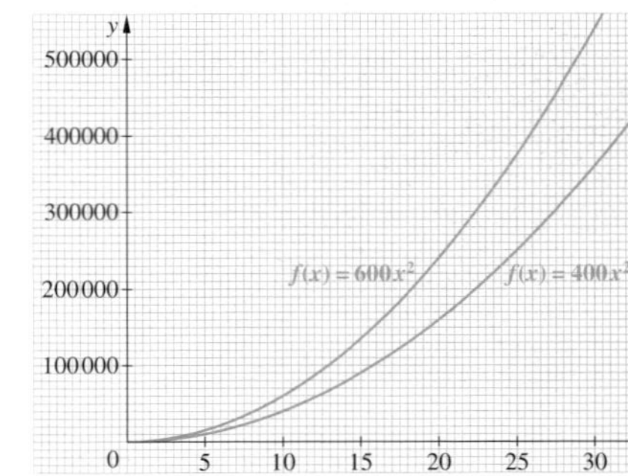

Anwenden und Vernetzen

4 Skizzieren von gekrümmten Linien im Koordinatensystem

a) Spiegele den Graphen von $f(x) = x^2$ …

① an der x-Achse

② an der Geraden von $f(x) = x$

③ an der Geraden von $f(x) = -x$

b) Zuordnungen, bei denen einem x-Wert mehr als ein y-Wert zugeordnet wird, sind keine Funktionen.
Welche Graphen stellen keine Funktionen dar?
Begründe deine Entscheidung.

z. B.

② ist keine Funktion. 1 → 1 und 1 → −1

③ ist keine Funktion. −1 → 1 und −1 → −1

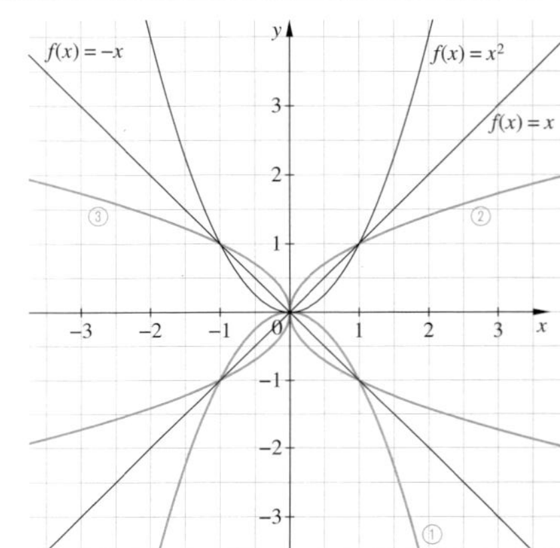

Quadratische Funktionen und ihre Umkehrung

▶ Grundwissen

- Die Umkehrfunktion einer Funktion ordnet jedem Wert aus dem Wertebereich (y-Wert) den dazu passenden Wert aus dem Definitionsbereich (x-Wert) zu.
- Spiegelt man den Graphen einer quadratischen Funktion $f(x) = ax^2$ (für $a > 0$ und $x > 0$) an der Winkelhalbierenden $f(x) = x$, erhält man den Graphen der Umkehrfunktion $f^{-1}(x) = \sqrt{\frac{x}{a}}$.

Beispiel:
Funktion: Seitenlänge des Quadrats in m → Flächeninhalt in m²
$f(x) = x^2$

x	0,5	1	1,5	2	3
y	0,25	1	2,25	4	9

Umkehrfunktion: Flächeninhalt in m² → Seitenlänge des Quadrats in m
$f^{-1}(x) = \sqrt{\frac{x}{1}} = \sqrt{x}$

x	0,25	1	2,25	4	9
y	0,5	1	1,5	2	3

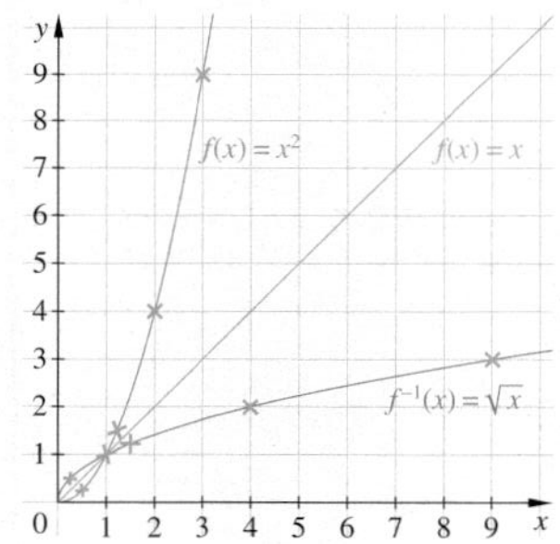

▶ Auftrag: Ergänze die Tabellen und trage die zugehörigen Punkte im Koordinatensystem ein.

Trainieren

1 Skizziere die Graphen der Umkehrfunktionen und ergänze die Wertetabellen.

① Funktion: $f(x) = 2x^2$

x	0	1	2	3	4
y	0	2	8	18	32

② Umkehrfunktion: $f^{-1}(x) = \sqrt{\frac{x}{2}} = \sqrt{0{,}5x}$

x	0	2	8	18	32
y	0	1	2	3	4

③ Funktion: $f(x) = 0{,}5x^2$

x	0	1	2	3	4
y	0	0,5	2	4,5	8

④ Umkehrfunktion: $f^{-1}(x) = \sqrt{\frac{x}{0{,}5}} = \sqrt{2x}$

x	0	0,5	2	4,5	8
y	0	1	2	3	4

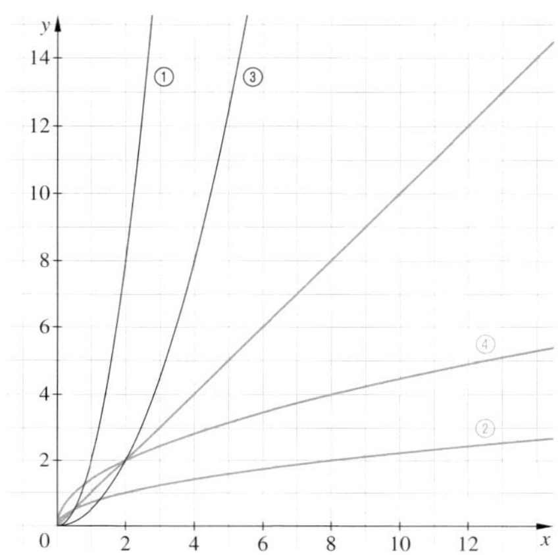

2 Ordne jeder Funktion ihre Umkehrfunktion zu. Zeichne Linien ein.
Zusatzaufgabe: Prüfe mit Wertepaaren, ob deine Zuordnungen stimmen können. individuelle Lösung

$f(x) = 10x^2$	$f(x) = 25x^2$	$f(x) = 125x^2$	$f(x) = 40x^2$	
$f^{-1} = \sqrt{0{,}04x}$	$f^{-1} = \sqrt{0{,}008x}$	$f^{-1} = \sqrt{0{,}25x}$	$f^{-1} = \sqrt{0{,}025x}$	$f^{-1} = \sqrt{0{,}1x}$

3 Ermitteln von Werten quadratischer Funktionen und ihrer Umkehrung

a) Ermittle jeweils x.
Hinweis: Führe gleichartige Umformungen durch.

$y = 3x^2 \quad (x > 0) \qquad P(\,2\,|\,12)$

$12 = 3x^2 \quad |:3$

$4 = x^2$

$\sqrt{4} = x$

$y = ax^2 \quad (a > 0)$

$y = ax^2 \quad |:a$

$\frac{y}{a} = x^2$

$\sqrt{\frac{y}{a}} = x$

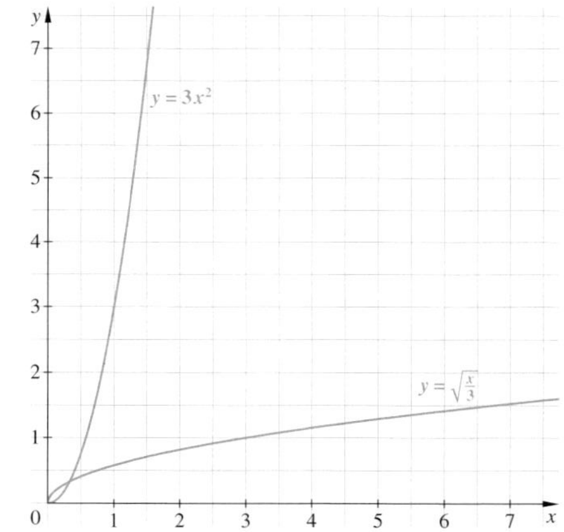

b) Gib die Umkehrfunktion an und skizziere beide Graphen.

$f(x) = 3x^2$ und $f^{-1}(x) = \sqrt{\frac{x}{3}}$

Anwenden und Vernetzen

4 Mit der Gleichung $y = \sqrt{\frac{x}{5}}$ kann man näherungsweise berechnen, wie viele Sekunden ein Stein fällt, bis er auf das Wasser im Brunnen trifft.

a) Ergänze x und y.

x steht für die Fallhöhe in Metern.

y steht für die Fallzeit in Sekunden.

b) Ordne den passenden Graphen zu.

c) Skizziere den Graphen der Umkehrfunktion und gib deren Funktionsgleichung an.

$f^{-1}(x) = y^{-1} = 5x^2$

d) Ein Stein fällt ca. 1 s vom 1 m hohen Brunnenrand, bis er auf das Wasser trifft.
Wie lang muss das Seil am Eimer mindestens sein, damit man Wasser aus dem Brunnen holen kann?

$1 = \sqrt{\frac{x}{5}} \qquad x = 5$

Mindestens 6 m sollte das Seil lang sein.

e) Wie lange dauert es, bis ein Stein 30 m gefallen ist?

$\sqrt{\frac{30}{6}} \approx 2{,}4$

In ca. 2,4 s fällt ein Stein 30 m.

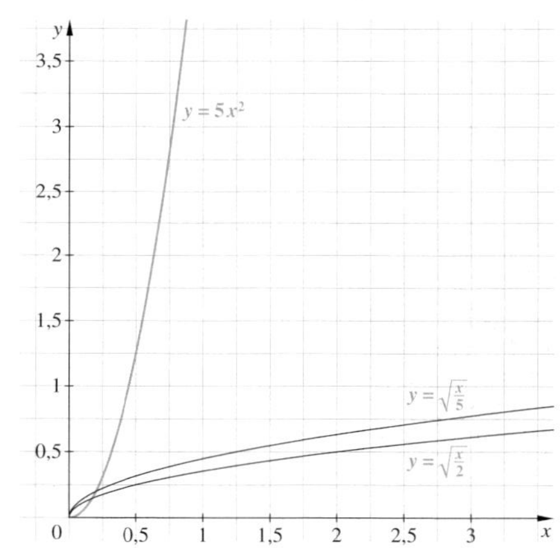

f) Zusatzaufgabe: Zeichne alle drei Graphen mit einem Funktionenplotter nach.
Hinweis: Ermittle die unbekannten Funktionsgleichungen durch Probieren.

Rechnen mit Wurzeln

▶ Grundwissen

- Quadratwurzeln mit gleichen Radikanden können mithilfe des Distributivgesetzes addiert oder subtrahiert werden,
  d. h., $m \cdot \sqrt{a} + n \cdot \sqrt{a} = (m+n) \cdot \sqrt{a}$ $(a \geq 0)$.
- Quadratwurzeln können multipliziert bzw. dividiert werden, indem man die Radikanden multipliziert bzw. dividiert,
  d. h., $\sqrt{a} \cdot \sqrt{b} = \sqrt{a \cdot b}$
  $\sqrt{a} : \sqrt{b} = \sqrt{a : b}$ $(a \geq 0; b > 0)$.
- In Produkten bzw. Quotienten kann man auch teilweise Quadratwurzeln ziehen,
  d. h., $\sqrt{a^2 \cdot b} = \sqrt{a^2} \cdot \sqrt{b} = a \cdot \sqrt{b}$
  $\sqrt{\frac{a}{b^2}} = \frac{\sqrt{a}}{\sqrt{b^2}} = \frac{1}{b} \cdot \sqrt{a}$ $(a \geq 0; b > 0)$.

Beispiele:

$3 \cdot \sqrt{7} + 2 \cdot \sqrt{7} = 5 \cdot \sqrt{7}$

$9 \cdot \sqrt{7} - 3 \cdot \sqrt{7} = 6 \cdot \sqrt{7}$

$\sqrt{3} \cdot \sqrt{12} = \sqrt{36} = 6$

$\sqrt{12} : \sqrt{3} = \sqrt{4} = 4$

$\sqrt{7^2 \cdot 5} = 7 \cdot \sqrt{5}$

$\sqrt{\frac{3}{11^2}} = \frac{1}{11} \cdot \sqrt{3}$

▶ Auftrag: Ergänze die Beispiele.

Trainieren

1 Ordne alle Ergebnisse zu.
Hinweis: Zeichne bei **a** acht und bei **b** zehn Linien ein.

a) Addieren und Subtrahieren von Quadratwurzeln

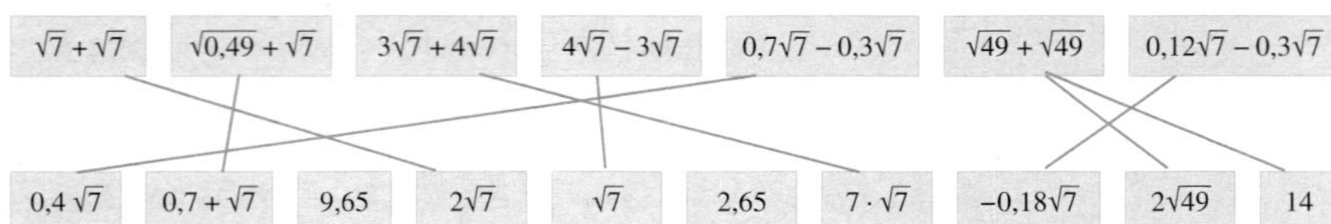

b) Multiplizieren und Dividieren von Quadratwurzeln

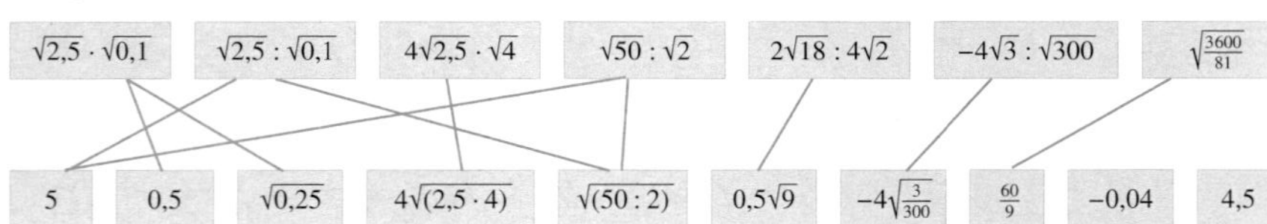

2 Ziehe die Wurzel teilweise wie im folgenden Beispiel.

$\sqrt{12} = \sqrt{2 \cdot 2 \cdot 3} = 2\sqrt{3}$

a) $\sqrt{135} =$ $\sqrt{3 \cdot 3 \cdot 3 \cdot 5} = 3\sqrt{15}$

b) $\sqrt{20} =$ $\sqrt{2 \cdot 2 \cdot 5} = 2\sqrt{5}$

c) $\sqrt{250} =$ $\sqrt{5 \cdot 5 \cdot 5 \cdot 2} = 5\sqrt{10}$

d) $\sqrt{150} =$ $\sqrt{5 \cdot 5 \cdot 2 \cdot 3} = 5\sqrt{6}$

e) $\sqrt{250a^2b^2} =$ $5ab\sqrt{10}$

f) $\sqrt{900xy^2} =$ $30y\sqrt{x}$

g) $\sqrt{\frac{x^2}{90}} =$ $\frac{1}{3}x\sqrt{\frac{1}{10}}$

h) $\sqrt{\frac{72}{x^2y}} =$ $\frac{6}{x}\sqrt{\frac{2}{y}}$

i) $\sqrt{\frac{9x^2}{200}} =$ $\frac{3}{10}x\sqrt{\frac{1}{2}}$

j) $\sqrt{\frac{50y}{162x^2y^2}} =$ $\frac{5}{9xy}\sqrt{y}$

3 Berechne die Werte ohne Taschenrechner und vergleiche sie.

a) $\sqrt{49} + \sqrt{36}$ $>$ $\sqrt{49+36}$

$\sqrt{49} + \sqrt{36} = 7 + 6 = 13$

$\sqrt{49+36} = \sqrt{85} \approx 9{,}22$

b) $\sqrt{\frac{2}{3}} \cdot \sqrt{\frac{3}{2}}$ $=$ $\sqrt{\frac{2}{3} \cdot \frac{3}{2}}$

$\sqrt{\frac{2}{3}} \cdot \sqrt{\frac{3}{2}} = \sqrt{\frac{2}{3} \cdot \frac{3}{2}} = \sqrt{1} = 1$

$\sqrt{\frac{2}{3} \cdot \frac{3}{2}} = \sqrt{1} = 1$

c) $\frac{\sqrt{144}}{\sqrt{25}}$ $=$ $\sqrt{\frac{144}{25}}$

$\frac{\sqrt{144}}{\sqrt{25}} = \frac{12}{5} = 2{,}4$

$\sqrt{\frac{144}{25}} = \sqrt{5{,}76} = 2{,}4$

d) $\sqrt{\frac{3}{2}} : \sqrt{0{,}5}$ $=$ $\sqrt{\frac{3}{2} : 0{,}5}$

$\sqrt{\frac{3}{2}} : \sqrt{0{,}5} \approx 1{,}73$

$\sqrt{\frac{3}{2} : 0{,}5} = \sqrt{\frac{3}{2}} : \sqrt{0{,}5} \approx 1{,}73$

4 Ermittle die Werte ohne Taschenrechner.

a) $\sqrt{\frac{80}{5}} =$ $\sqrt{16} = 4$

b) $\frac{\sqrt{63}}{\sqrt{7}} =$ $\sqrt{\frac{63}{7}} = \sqrt{9} = 3$

c) $\sqrt{\frac{0{,}04}{0{,}16}} =$ $\frac{\sqrt{0{,}04}}{\sqrt{0{,}16}} = \frac{0{,}2}{0{,}4} = 0{,}5$

d) $\frac{\sqrt{2} \cdot \sqrt{147}}{\sqrt{6}} =$ $\sqrt{\frac{2 \cdot 147}{6}} = \sqrt{49} = 7$

Anwenden und Vernetzen

5 Im Außenbereich einer Jugendherberge wird ein begehbares Schachbrett aus quadratischen Platten gebaut. Das Schachbrett, bestehend aus 64 Feldern, soll auf jeder Seite durch 30 cm breite Randsteine eingefasst werden.

a) Die Diagonale des gesamten Schachbretts mit Randsteinen hat eine Länge von 7,07 m. Wie groß ist seine Seitenlänge?
Hinweis: $2a^2 = d^2$

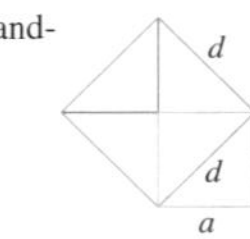

$a^2 = \frac{d^2}{2}$

$a = \frac{d}{\sqrt{2}} = \frac{7{,}07}{\sqrt{2}}\text{ m} \approx 5\text{ m}$

Die Seitenlänge beträgt insgesamt rund 5 m.

b) Wie viele Randsteine werden benötigt, wenn ein Randstein 58,75 cm lang ist?

$5\text{ m} - 2 \cdot 0{,}3\text{ m} = 4{,}4\text{ m}$

$4{,}4\text{ m} : 8 = 0{,}55\text{ m}$

Die Seite eines einzelnen Schachfeldes ist 0,55 m lang.

$4 \cdot (8 \cdot 0{,}55\text{ m} + 0{,}3\text{ m}) = 4 \cdot 4{,}7\text{ m} = 18{,}8\text{ m}$

$18{,}8\text{ m} : 0{,}5875\text{ m} = 32$

Es werden 32 Randsteine benötigt.

6 Wir wissen: In einem Quadrat mit der Seitenlänge 1 hat die Diagonale die Länge $\sqrt{2}$ und $\sqrt{2}$ ist eine irrationale Zahl.

a) Begründe mithilfe der Zeichnung, dass in einem Quadrat mit der Seitenlänge 3 die Diagonale die Länge $3 \cdot \sqrt{2}$ und in einem Quadrat mit der Seitenlänge 4 die Diagonale die Länge $4 \cdot \sqrt{2}$ hat.

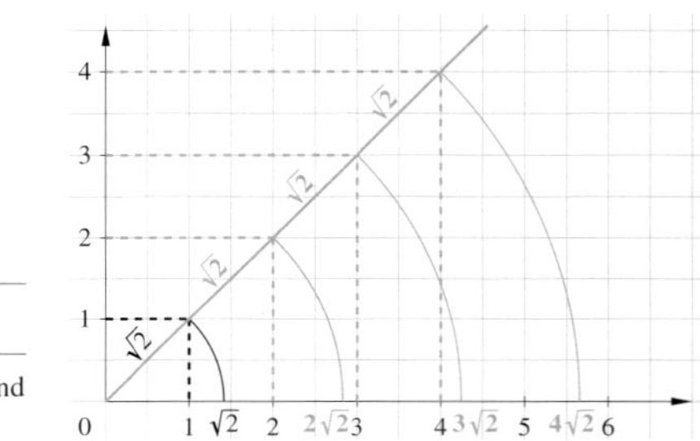

b) Lies je einen Näherungswert für $3 \cdot \sqrt{2}$ und $4 \cdot \sqrt{2}$ ab.

$3 \cdot \sqrt{2} \approx 4{,}24$

$4 \cdot \sqrt{2} \approx 5{,}66$

c) Zu welchen Zahlenbereichen gehören die Zahlen $3 \cdot \sqrt{2}$ und $4 \cdot \sqrt{2}$?

Die Zahlen $3 \cdot \sqrt{2}$ und $4 \cdot \sqrt{2}$ sind irrationale Zahlen. Sie gehören zum Bereich der reellen Zahlen.

Ähnlichkeit im geometrischen Sinn

▶ Grundwissen

- Entsteht eine Figur durch maßstäbliches Vergrößern oder Verkleinern einer anderen Figur, so sind beide Figuren zueinander ähnlich. ☒
- Wenn alle einander entsprechenden Strecken im gleichen Maßstab vergrößert oder verkleinert sind und alle einander entsprechenden Winkel gleich groß sind, sind zwei Figuren zueinander ähnlich. ☒

Beispiele: zueinander ähnliche Trapeze — zueinander ähnliche Figuren

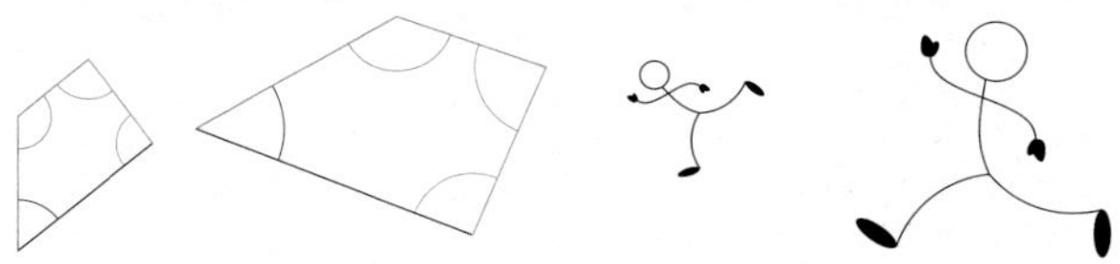

▶ Auftrag: Kreuze wahre Aussagen an.

Trainieren

1 Kreuze die fünf im geometrischen Sinn zueinander ähnlichen Schmetterlinge an.
Zusatzaufgabe: Begründe, warum die anderen nicht zueinander ähnlich sind. individuelle Lösung

2 Markiere in den zueinander ähnlichen Dreiecken alle einander entsprechenden Winkel und Seiten.

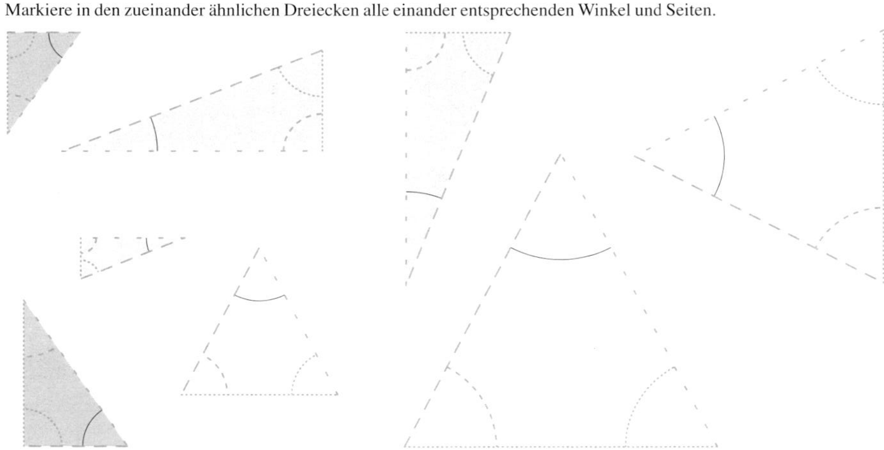

3

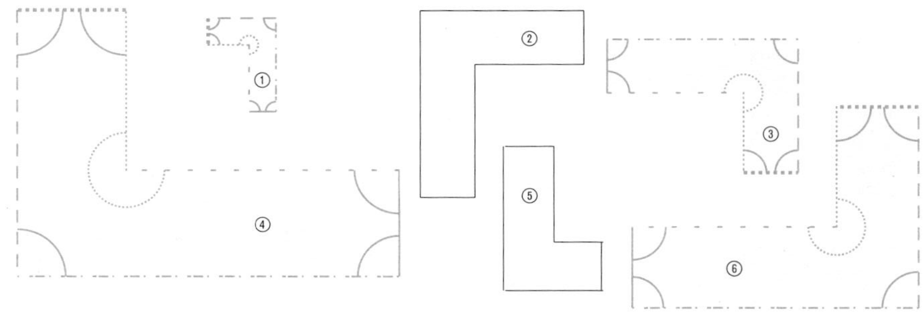

a) Betrachte nur zueinander ähnlichen Figuren. Ordne die Längen einander entsprechender Seiten in der Tabelle zu.

Figur ④	5 cm	2 cm	3 cm	5 cm	2 cm	7 cm
Figur ③	2,5 cm	1 cm	1,5 cm	2,5 cm	1 cm	3,5 cm
Figur ①	1,25 cm	0,5 cm	0,75 cm	1,25 cm	0,5 cm	1,75 cm
Figur ⑥	3,75 cm	1,5 cm	2,25 cm	3,75 cm	1,25 cm	5,25 cm

b) Ergänze die Sätze.

Vergrößerungen der Figur ③ sind ④ und ⑥. 1 : 2 ist das Seitenverhältnis von ③ und ④ sowie von ① und ⑥.

Anwenden und Vernetzen

4 Gesucht wird ein Punkt R, sodass das Dreieck ABC ähnlich zu dem mit den Eckpunkten P, Q und R ist.

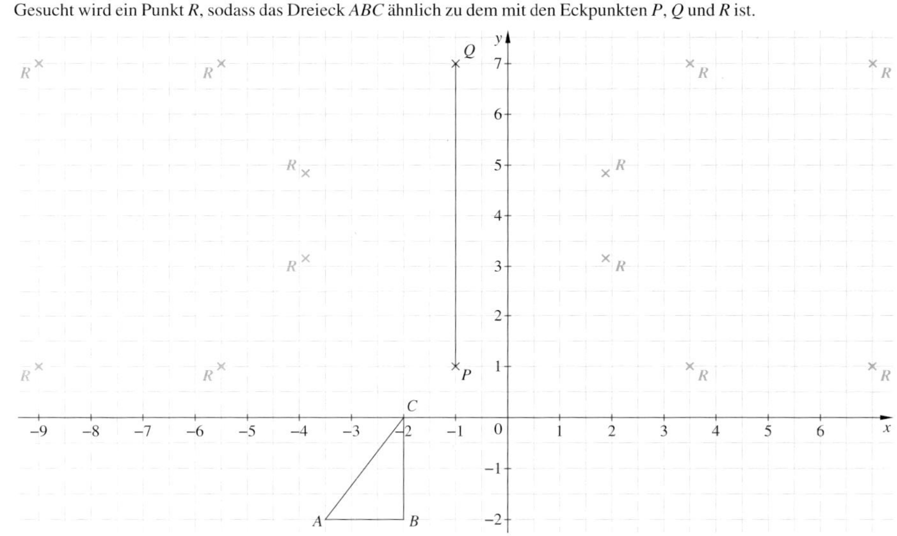

a) Trage möglichst viele infrage kommende Punkte in das Koordinatensystem ein. 12 Punkte kommen infrage.

b) In welchen Maßstäben ist das Dreieck ABC vergrößert worden? 4 : 1; 3 : 1; 2,4 : 1

Vergrößern und Verkleinern

▶ Grundwissen

- Eine zentrische Streckung wird angegeben durch den Streckungsfaktor k und das Streckungszentrum Z.
- Mithilfe zentrischer Streckungen können Figuren maßstäblich vergrößert ($k > 1$) und verkleinert ($0 < k < 1$) werden.

Beispiele: Vergrößerung mit $k = 2$

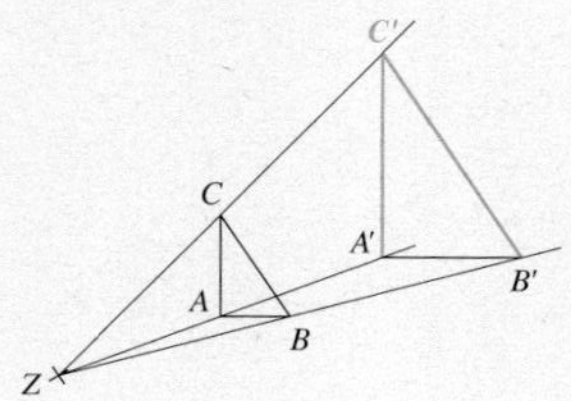

Verkleinerung mit $k = \frac{1}{2}$

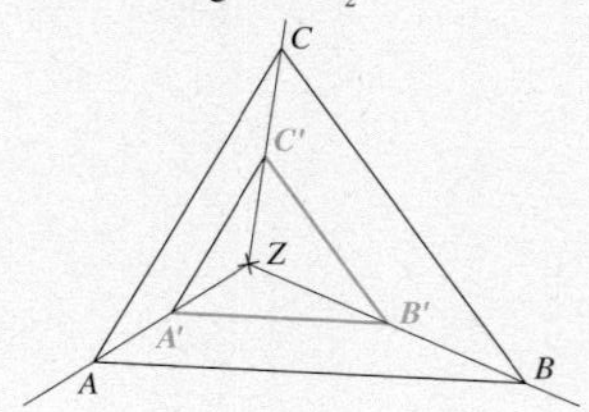

▶ Auftrag: Ergänze die Beispiele.

Trainieren

1

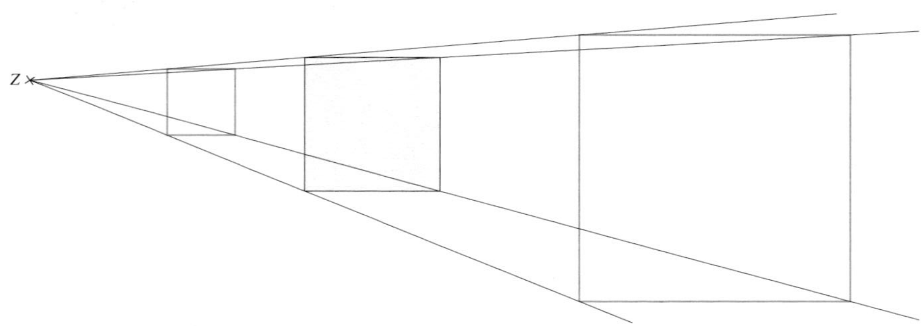

a) Der Punkt Z ist das Streckungszentrum. Vergrößere das gelbe Quadrat mit $k = 2$.

b) Der Punkt Z ist das Streckungszentrum. Verkleinere das gelbe Quadrat mit $k = \frac{1}{2}$.

2

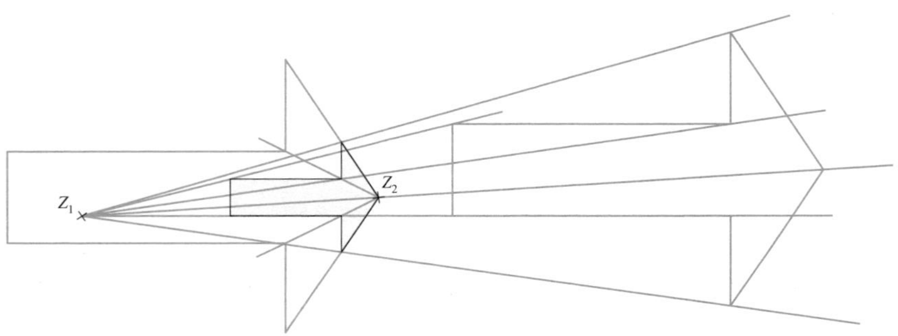

a) Der Punkt Z_1 ist das Streckungszentrum. Vergrößere den gelben Pfeil mit $k = 2{,}5$.

b) Der Punkt Z_2 ist das Streckungszentrum. Vergrößere den gelben Pfeil mit $k = 2{,}5$.

3 Ergänze die Tabelle.

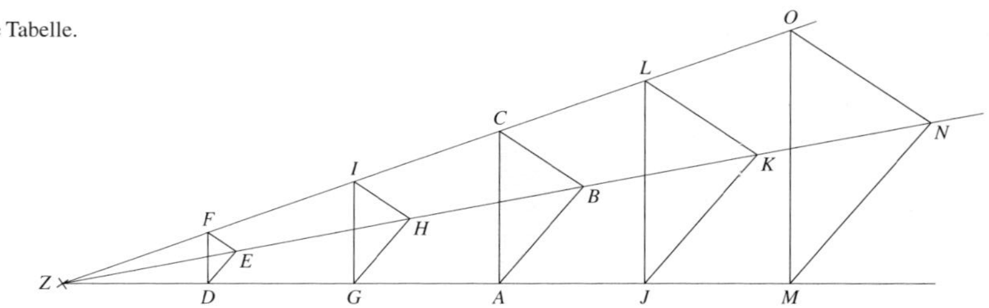

Original	Dreieck ABC	Dreieck ABC	Dreieck ABC	Dreieck ABC	Dreieck GHI	Dreieck DEF
Bild	Dreieck GHI	Dreieck DEF	Dreieck JKL	Dreieck MNO	Dreieck DEF	Dreieck MNO
Streckungs-faktor	$\frac{2}{3}$	$\frac{1}{3}$	$1\frac{1}{3}$	$1\frac{2}{3}$	$\frac{1}{2}$	$\frac{1}{5}$

4 Die Figuren entstanden durch zentrische Streckungen.
Ermittle die Streckungszentren und gib in der Tabelle alle Möglichkeiten an.

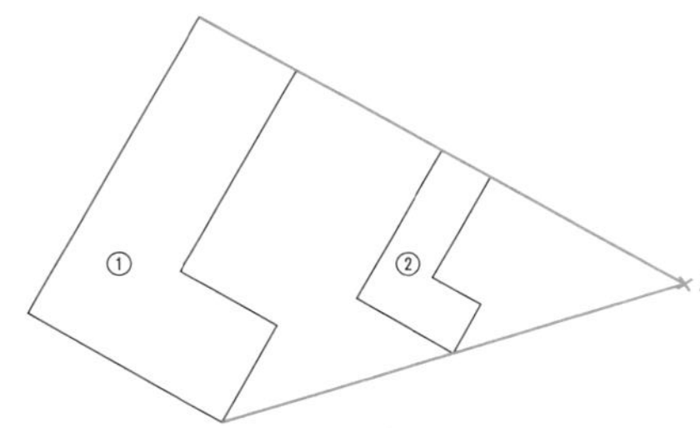

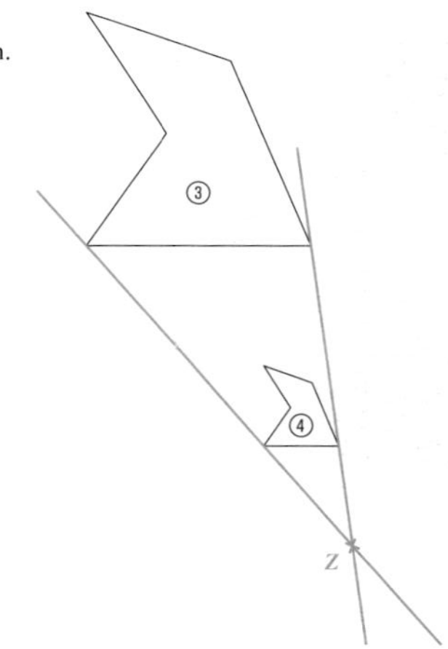

Original	①	②	③	④
Bild	②	①	④	③
Streckungs-faktor	$\frac{1}{2}$	2	$\frac{1}{3}$	3

Anwenden und Vernetzen

5 Marie soll im Praktikum die Vorlagen für die Raumgestaltung kopieren. Ergänze die bei den Vergrößerungen oder Verkleinerungen am Kopierer einzugebenden Prozentsätze.
Hinweis: Jede Arbeitsheftdoppelseite hat DIN-A3-Format.
Jede einzelne Arbeitsheftseite hat DIN-A4-Format.

auf \ von	DIN-A2-Format	DIN-A3-Format	DIN-A4-Format	DIN-A5-Format
DIN-A2-Format	100 %	141%	200 %	283 %
DIN-A3-Format	71 %	100 %	141 %	200 %
DIN-A4-Format	50 %	71 %	100 %	141 %
DIN-A5-Format	35 %	50 %	71 %	100 %

Erster Strahlensatz

▶ Grundwissen

Werden zwei sich schneidende Geraden von zwei Parallelen geschnitten, so sind die Längenverhältnisse entsprechender Abschnitte auf den sich schneidenden Geraden gleich.

Beispiele:

$\frac{|ZA'|}{|ZA|} = \frac{|ZB'|}{|ZB|}$

$\frac{|AA'|}{|ZA|} = \frac{|BB'|}{|ZB|}$

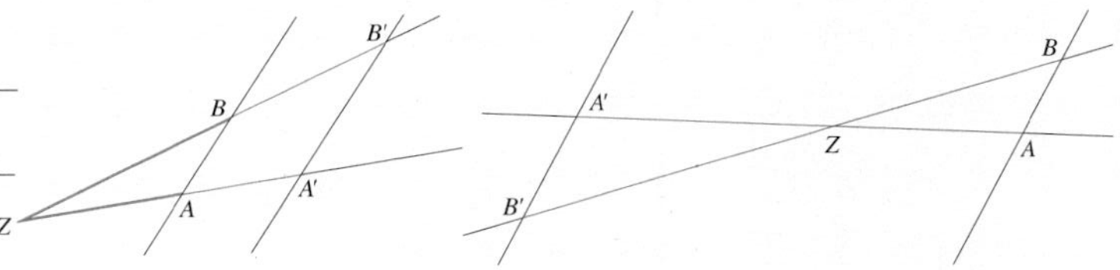

▶ Auftrag: Ergänze die Formeln.

Trainieren

1 Zwei sich schneidende Geraden werden von zwei Parallelen geschnitten.

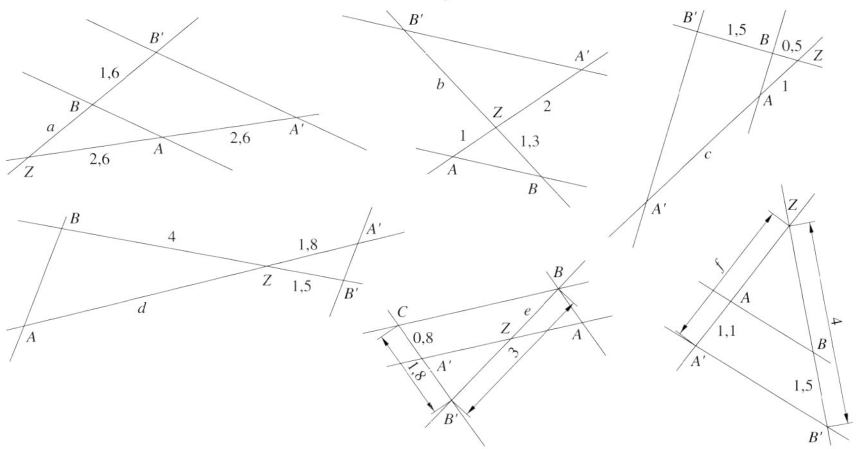

a) Markiere zuerst zueinander gehörende Geradenabschnitte mit der gleichen Farbe.
Berechne danach die gesuchten Streckenlängen.
Hinweis: Die vorgegebenen Zeichnungen sind nicht maßstäblich.

z. B.

$\frac{a}{a+1,6} = \frac{2,6}{5,2}$ $\quad | \cdot (a+1,6)$
$a = 0,5a + 0,8$ $\quad | -0,5a$
$0,5a = 0,8$ $\quad | :0,5$
$a = 1,6$

$\frac{b}{1,3} = \frac{2}{1}$ $\quad | \cdot 1,3$
$b = 2,6$

$\frac{c+1}{1} = \frac{2}{0,5}$ $\quad | -1$
$c = 3$

$\frac{d}{1,8} = \frac{4}{1,5}$ $\quad | \cdot 1,8$
$d = 4,8$

$\frac{3-e}{3} = \frac{1}{1,8}$ $\quad | \cdot 3$
$3 - e = \frac{3}{1,8}$ $\quad | -3$
$-e \approx -1,33$ $\quad | \cdot (-1)$
$e \approx 1,33$

$\frac{f}{f-1,1} = \frac{4}{2,5}$ $\quad | \cdot (f-1,1)$
$f = 1,6f - 1,76$ $\quad | -f + 1,76$
$1,76 \approx 0,6f$ $\quad | :0,6$
$f \approx 2,93$

b) Wie viele zueinander ähnliche Dreiecke enthält jede der Figuren? 2 Dreiecke

2 Zwei sich schneidende Geraden werden von vier Parallelen geschnitten.

a) Berechne die gesuchten Seitenlängen.

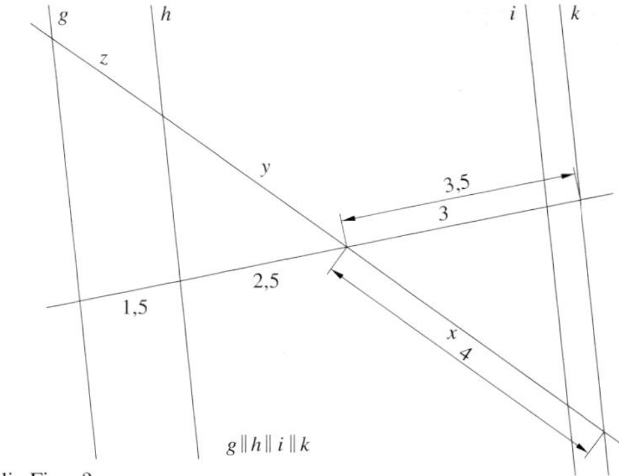

z. B.

$\frac{x}{4} = \frac{3}{3,5}$ $\quad | \cdot 4$
$x = \frac{12}{3,5} \approx 3,43$

$\frac{y}{2,5} = \frac{4}{3,5}$ $\quad | \cdot 2,5$
$y = \frac{10}{3,5} \approx 2,86$

$\frac{z+y}{4} = \frac{4}{3,5}$ $\quad | \cdot 4$
$z + y = \frac{16}{3,5} \approx 4,57$
$z = 4,27 - 2,86 = 1,71$

b) Wie viele zueinander ähnliche Dreiecke enthält die Figur?

4 Dreiecke

Anwenden und Vernetzen

3 Carolina sagt: „Die Höhe der Laterne lässt sich bei Sonnenschein relativ einfach ermitteln.
Dazu wird direkt neben die Laterne ein gerader Stab gesteckt. Mithilfe der Schattenlängen und der Stablänge kann die Höhe der Laterne berechnet werden.
Der Schatten einer Laterne ist rund 8,9 m lang.
Der Schatten einer daneben stehenden 1 m langen Wasserwaage ist rund 2,2 m lang. "

a) Veranschauliche die Situation mithilfe einer Skizze.

individuelle Zeichnung

b) Berechne die Höhe der Laterne.

$\frac{x}{8,9} = \frac{1}{2,2}$ $\quad | \cdot 8,9$

$x \approx 4$ Die Laterne ist ca. 4 m hoch.

c) Schätze, in welchem Winkel die Sonnenstrahlen auf die Erde treffen.
Zusatzaufgabe: In welcher Jahreszeit könnte diese Situation gegen 12:00 Uhr in Deutschland eintreten?

Die Sonnenstrahlen treffen in einem Winkel zwischen 20° und 30° auf die Erdoberfläche.

Im Winter kann diese Situation eintreten.

Zweiter Strahlensatz

▶ Grundwissen

Werden zwei sich schneidende Geraden von zwei Parallelen geschnitten, so ist das Längenverhältnis der Parallelenabschnitte genauso groß wie das Längenverhältnis der Strecken von Z bis zu den Schnittpunkten mit den Parallelen.

Beispiele:

$\frac{|\overline{A'B'}|}{|\overline{ZA'}|} = \frac{|\overline{AB}|}{|\overline{ZA}|}$

$\frac{|\overline{A'B'}|}{|\overline{ZB'}|} = \frac{|\overline{AB}|}{|\overline{ZB}|}$

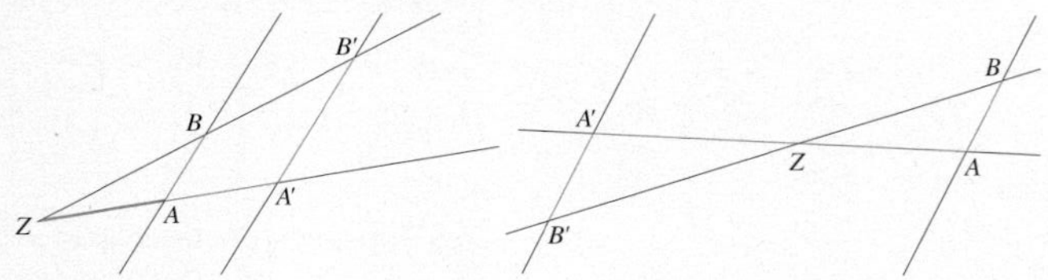

▶ Auftrag: Ergänze die Formeln.

Trainieren

1 Zwei sich schneidende Geraden werden von zwei Parallelen geschnitten.

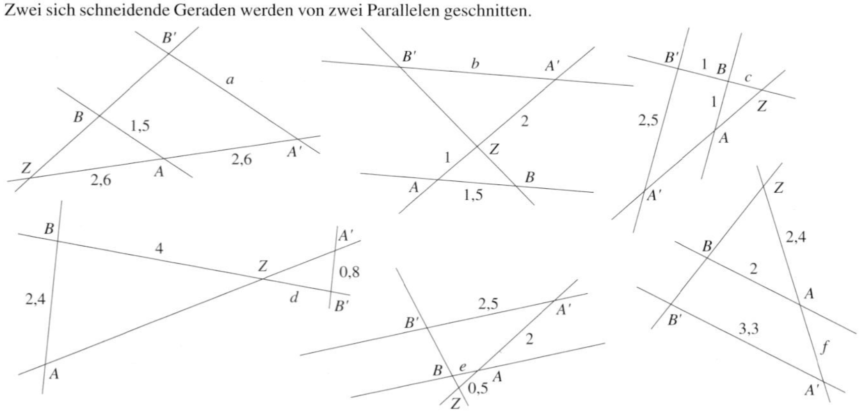

a) Markiere zuerst zueinander gehörende Geradenabschnitte mit der gleichen Farbe. Berechne danach die gesuchten Streckenlängen.
Hinweis: Die vorgegebenen Zeichnungen sind nicht maßstäblich.

z. B.

$\frac{a}{1,5} = \frac{5,2}{2,6}$	$\lvert\cdot 1,5$	$\frac{b}{1,5} = \frac{2}{1}$	$\lvert\cdot 1,5$	$\frac{c+1}{c} = \frac{2,5}{1}$	$\lvert\cdot c$
$a = 3$		$b = 3$		$c + 1 = 2,5c$	$\lvert -c$
				$1 = 1,5c$	$\lvert : 1,5$
				$c \approx 0,67$	
$\frac{d}{4} = \frac{0,8}{2,4}$	$\lvert\cdot 4$	$\frac{e}{2,5} = \frac{0,5}{2,5}$	$\lvert\cdot 2,5$	$\frac{f+2,4}{2,4} = \frac{3,3}{2}$	$\lvert\cdot 2,4$
$d \approx 1,33$		$e = 0,5$		$f + 2,4 = 3,96$	$\lvert -2,4$
				$f = 1,56$	

b) Gib die Streckungsfaktoren der Dreiecke in den ersten drei Zeichnungen an.

links und Mitte: $k = 2$ bzw. $k = \frac{1}{2}$; rechts: $k = 2,5$ bzw. $k = 0,4$

2 Zueinander parallele und nicht zueinander parallele Strecken

a) Untersuche, welche Strecken zueinander parallel sind, und berechne mit dem Strahlensatz möglichst viele Streckenlängen.
Hinweis: Es sollen dafür keine Strecken gemessen werden.

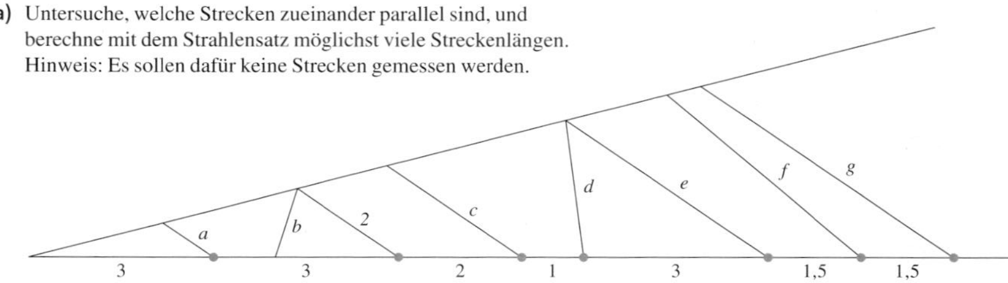

$\frac{a}{3} = \frac{2}{6}$	$\lvert\cdot 3$	$\frac{c}{8} = \frac{2}{6}$	$\lvert\cdot 8$	$\frac{e}{12} = \frac{2}{6}$	$\lvert\cdot 12$	$\frac{g}{15} = \frac{2}{6}$	$\lvert\cdot 15$
$a = 1$		$c = 2\frac{2}{3}$		$e = 4$		$g = 5$	
		$c \approx 2,67$					

Die Längen von b, d und f sind nicht zu ermitteln.

b) Wie viele zueinander ähnliche Dreiecke enthält die Figur? 5 Dreiecke

Anwenden und Vernetzen

3 Gesa und Aron möchten aus 30 cm breiten, 2 cm dicken und 2,40 m langen Brettern das skizzierte symmetrische Regal bauen. An den langen Brettern am linken und rechten Rand sollen alle 40 cm Bretter befestigt werden. Insgesamt werden es vier Regalböden sein. Der kürzeste soll 34 cm lang sein.
Hinweis: Veranschauliche die Bretter bzw. das Regal mit passenden Papierstreifen.

a) Wie viele Bretter werden benötigt? Wie ist zuzuschneiden, damit ein möglichst langes Brett übrig bleibt?

z. B.

Regalböden: $\frac{x}{34} = \frac{80}{40}$ $\lvert\cdot 34$, $x = 68$; $\frac{y}{34} = \frac{120}{40}$ $\lvert\cdot 34$, $y = 102$; $\frac{z}{34} = \frac{160}{40}$ $\lvert\cdot 34$, $z = 136$

Holz insgesamt: $2 \cdot 5 \cdot 40 + 34 + 68 + 102 + 136 = 740$ 2,40 m · 3 = 7,20 m Vier Bretter werden benötigt.

Zuschnitt von Brett 1: 1,36 m + 1,02 m = 2,38 m
Zuschnitt von Brett 2: 2,00 m + 0,34 m = 2,34 m
Zuschnitt von Brett 3: 2,00 m
Zuschnitt von Brett 4: 0,68 m Ein 1,72 m langes Brett bleibt übrig.

b) Schätze, wie breit und wie hoch das fertige Regal sein wird.

Das Regal wird etwa 1,70 m breit und 1,80 m hoch sein.

c) Eine Farbdose ist nicht mehr voll. Ein Drittel fehlt. Auf ihr steht, dass der gesamte Inhalt für 8 m² reicht. Können mit dem Farbrest die zugeschnittenen Bretter vollständig gestrichen werden?

$7,40\,m \cdot 0,30\,m \cdot 2 + 7,40\,m \cdot 0,02\,m \cdot 2 + 0,30\,m \cdot 0,02\,m \cdot 12 \approx 4,81\,m^2$ $8\,m^2 \cdot \frac{2}{3} \approx 5,33\,m^2 > 4,81\,m^2$

Die zugeschnittenen Bretter können mit dem Farbrest vollständig gestrichen werden.

Der Satz des Thales

▶ Grundwissen

- Wenn der Punkt C eines Dreiecks ABC auf einem Kreis liegt, der die Strecke $\overline{AB}$ als Durchmesser hat, dann hat das Dreieck bei C einen rechten Winkel. ☒ wahr ☐ falsch
- Wenn das Dreieck ABC ein rechtwinkliges Dreieck mit $\gamma = 90°$ ist, dann liegt C auf dem Kreis mit dem Durchmesser $\overline{AB}$. ☒ wahr ☐ falsch
- Genau dann, wenn C auf einem Kreis mit dem Durchmesser $\overline{AB}$ liegt, ist der Winkel BCA ein rechter Winkel. ☒ wahr ☐ falsch

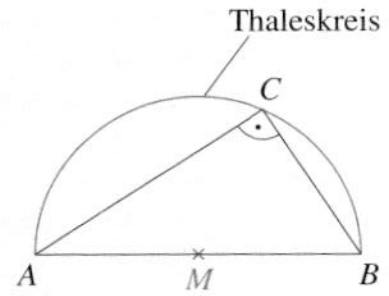

▶ Auftrag: Kreuze an. Überlege, wie eine der Entscheidungen begründet werden kann. individuelle Lösung

Trainieren

1 Zeichne drei rechtwinklige Dreiecke in den Halbkreis ein.
Markiere die rechten Winkel. individuelle Lösung

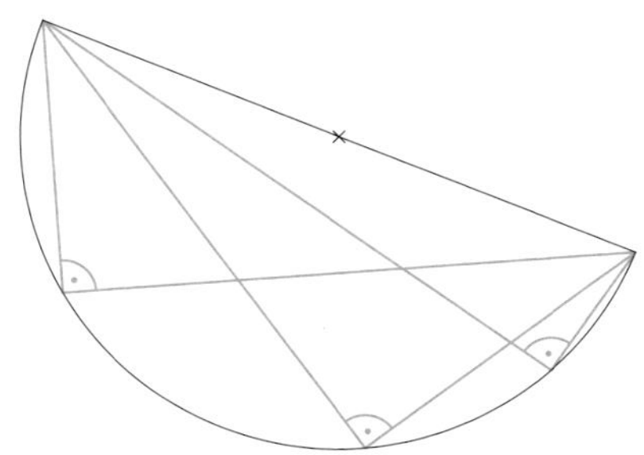

2 Überprüfe jeweils mit einem Zirkel, ob das Dreieck rechtwinklig ist.
Markiere gegebenenfalls den rechten Winkel.
Hinweis: Winkelmesser, Geodreieck und andere Hilfsmittel zum Messen rechter Winkel sind nicht zu verwenden.

a)

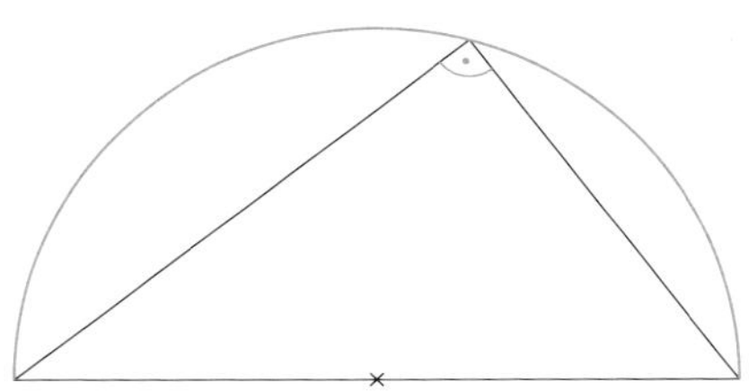

b)

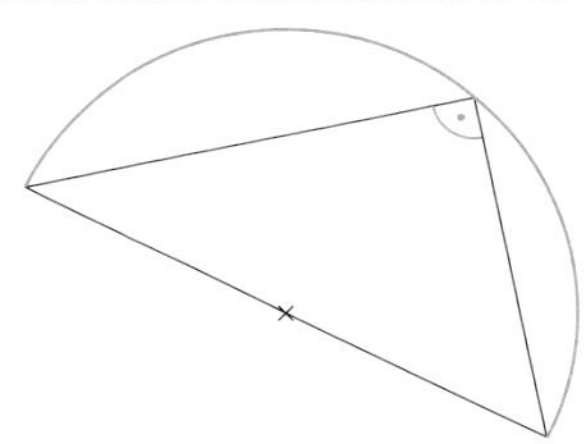

c)

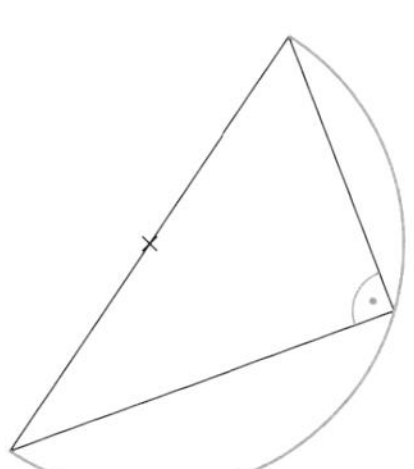

d)

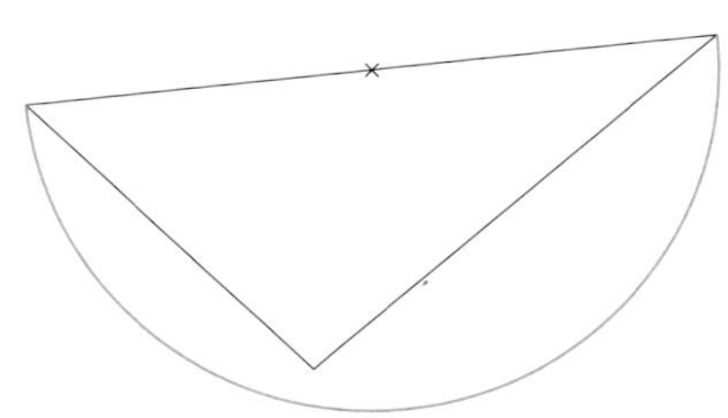

3 Die längste Seite eines rechtwinkligen Dreiecks ist 5 cm lang.
Die kürzeste Seite ist 3 cm lang.
Ermittle mithilfe einer Zeichnung die fehlende Seitenlänge.

4 cm

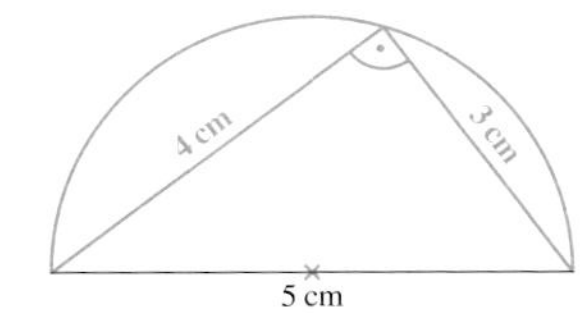

4 Zeichne ein rechtwinkliges Dreieck ABC mit …

a) $b = 5$ cm; $c = 3{,}5$ cm und $\beta = 90°$

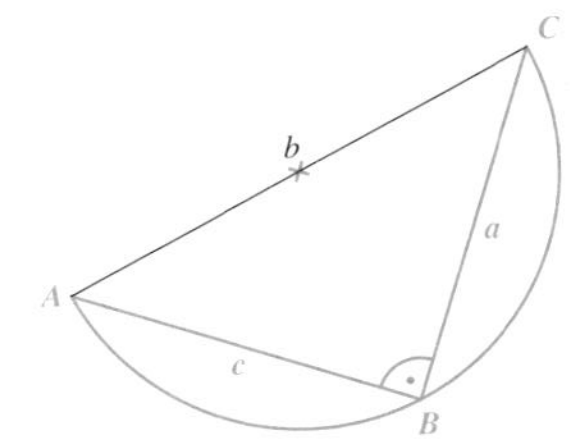

b) $a = 5$ cm; $c = 2$ cm und $\alpha = 90°$

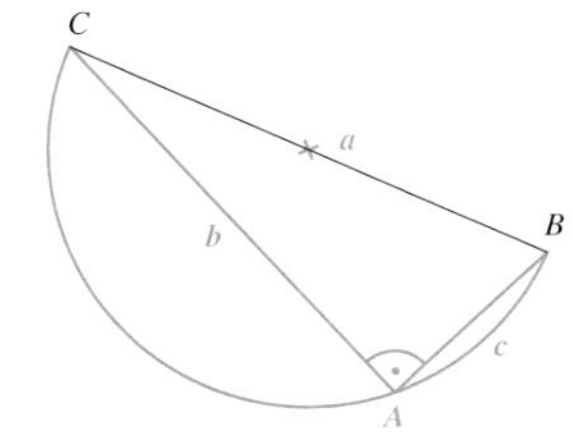

Anwenden und Vernetzen

5 Berechne alle fehlenden Winkelgrößen. Nutze dabei keine Hilfsmittel zum Messen.

a)

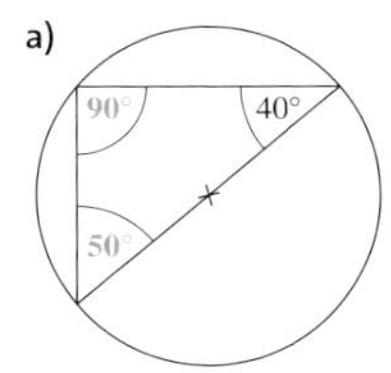

b)

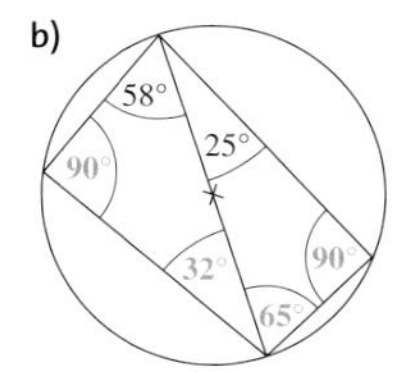

c)

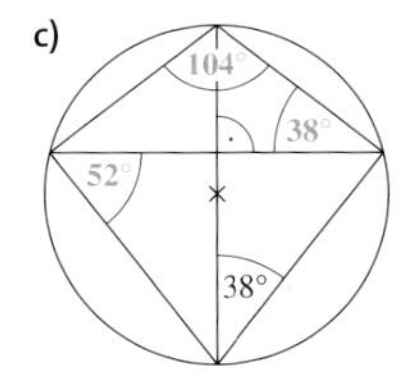

d)

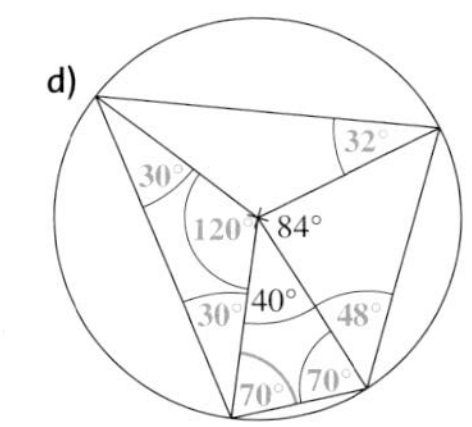

6 Beschreibe kurz, wie Mister Schnurstöckchen mithilfe einer Schnur und Stöckchen das abgesteckte Beet in ein rechteckiges Beet umwandeln könnte. Nur zwei Eckstöckchen sollen dazu versetzt werden.
Hinweise: Skizziere im Bild links die entsprechenden Schritte. Kontrolliert die Beschreibungen gegenseitig.

z. B.
① Festlegen, welche beiden Eckstöckchen auf dem später entstehenden Umkreis des rechteckigen Beetes liegen sollen. Zeichnen einer Diagonale des rechteckigen Beetes und ermitteln dessen Mittelpunkts.
② Zeichnen eines Kreises, dessen Durchmesser diese Diagonale ist. Die Schnittpunkte des Kreises mit der Steinkante sind zwei Ecken des rechteckigen Beetes.
③ Abtragen der bei ② ermittelten Streckenlängen auf der anderen Seite der Diagonalen, sodass sich ein rechteckiges Beet ergibt.

Rechtwinklige Dreiecke

▶ Grundwissen

- In rechtwinkligen Dreiecken heißen die Seiten, die den rechten Winkel einschließen, Katheten.
- Die dem rechten Winkel gegenüberliegende Seite heißt Hypotenuse.

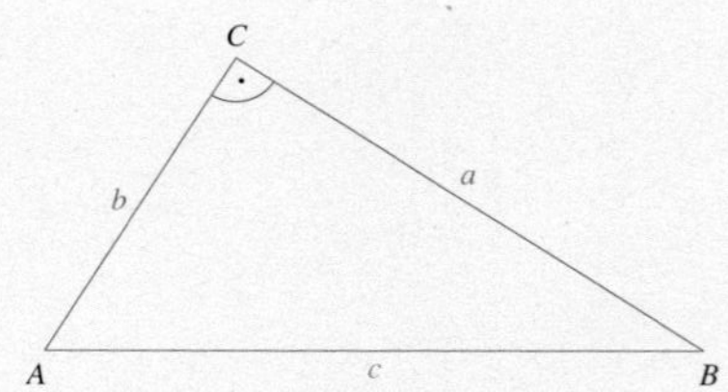

▶ Auftrag: Trage die fehlenden Fachbegriffe ein. Verwende folgende Silben. NU-HY-KA-SE-PO-THE-TE-TEN

Trainieren

1 Dreiecke mit und ohne rechten Winkel

a) Markiere den rechten Winkel in den rechtwinkligen Dreiecken.

b) Markiere mit unterschiedlichen Farben jeweils die Hypotenuse und die Katheten.

☐ Hypotenuse ☐ Kathete

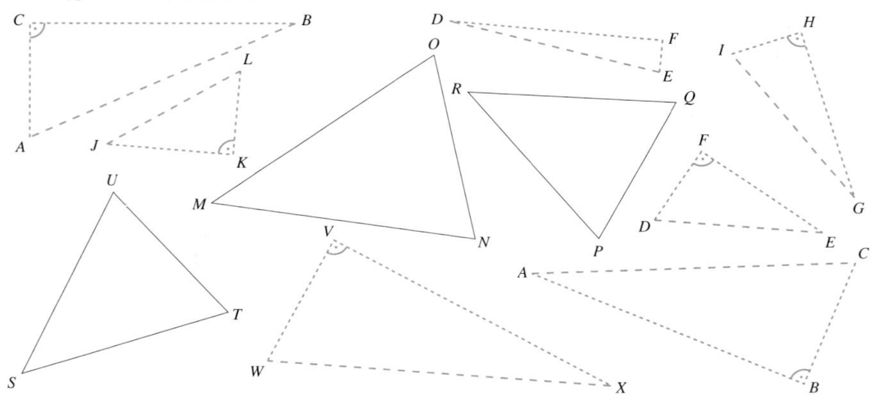

2 Ermittle durch Ergänzung der Zeichnung die Länge der dritten Seite.

a) Die Katheten sind 5,6 cm und 4,2 cm lang.

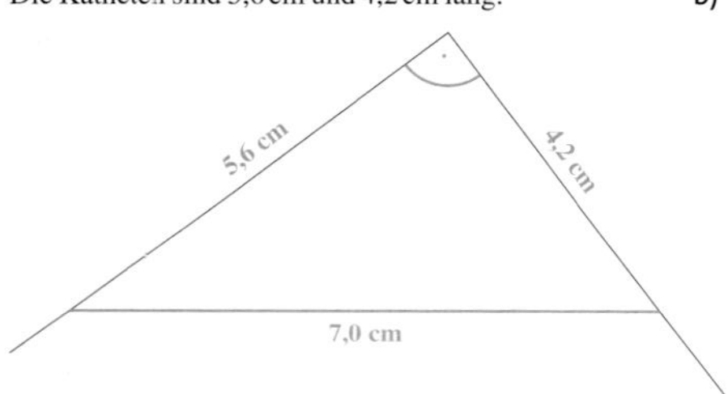

b) Die Hypotenuse ist 4 cm lang und eine Kathete 3,2 cm.

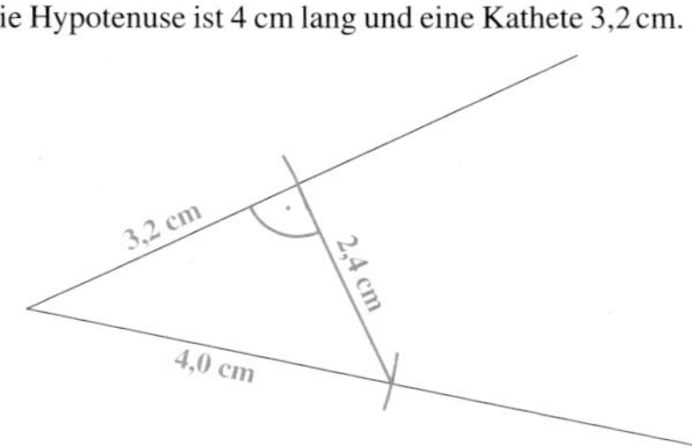

3 Markiere alle vier rechten Winkel innerhalb von Dreiecken und vervollständige die Tabelle.

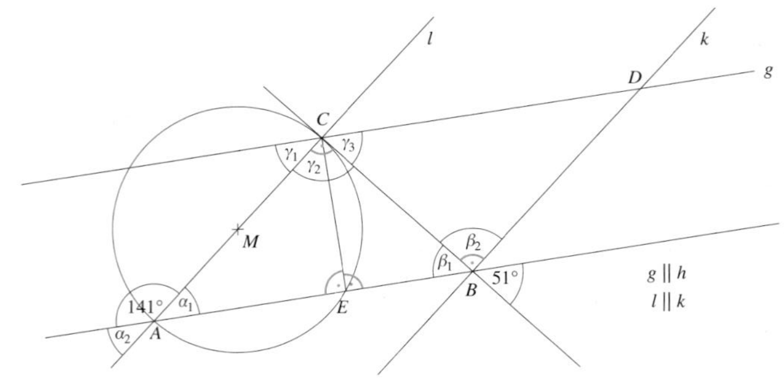

	Dreieck ABC	Dreieck AEC	Dreieck BDC	Dreieck EBC
Hypotenuse	$\overline{AB}$	$\overline{AC}$	$\overline{CD}$	$\overline{BC}$
Katheten	$\overline{AC}$; $\overline{BC}$	$\overline{AE}$; $\overline{CE}$	$\overline{BC}$; $\overline{BD}$	$\overline{BE}$; $\overline{CE}$

Anwenden und Vernetzen

4 Konstruiere ein rechtwinkliges Dreieck ABC mit …

a) Hypotenuse $c = 4$ cm und Höhe $h_c = 1{,}5$ cm

b) Hypotenuse $c = 5$ cm und Kathete $a = 3$ cm

c) Hypotenusenabschnitten $q = 4$ cm und $p = 2$ cm (Hinweis: $c = q + p$)

zu a)

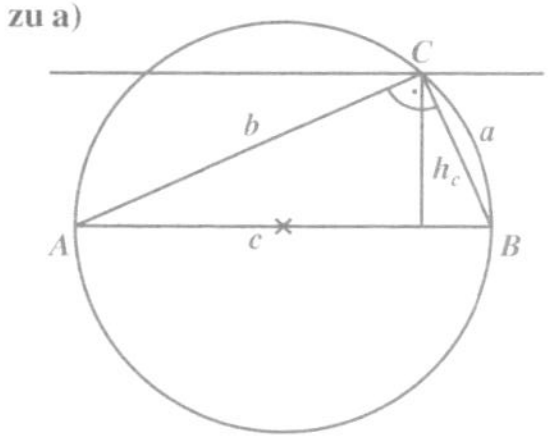

3 cm²

zu b)

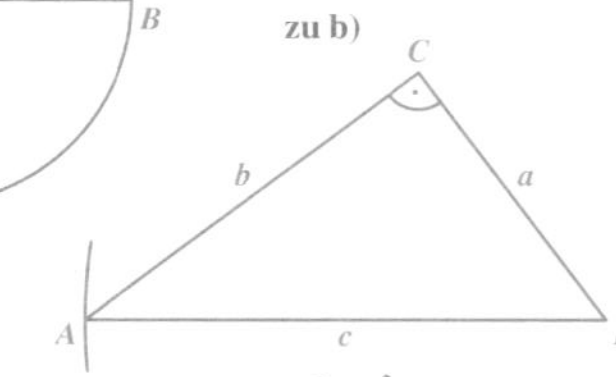

6 cm²

zu c)

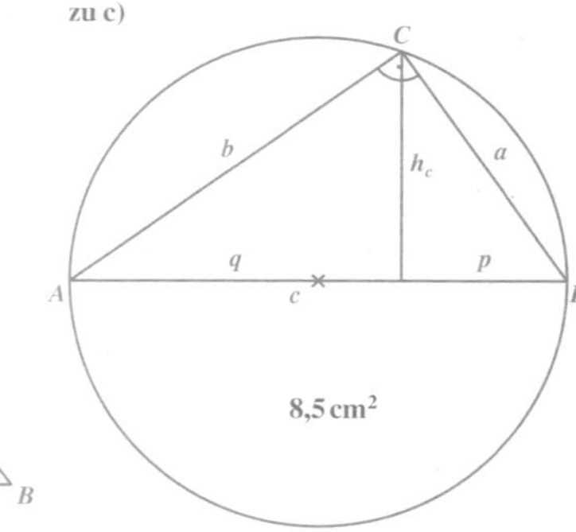

8,5 cm²

d) Gib den Flächeninhalt jedes Dreiecks an.

Der Satz des Pythagoras

▶ Grundwissen

In jedem rechtwinkligen Dreieck ist die Summe der Flächeninhalte der Quadrate über den Katheten genauso groß wie der Flächeninhalt des Quadrates über der Hypotenuse.

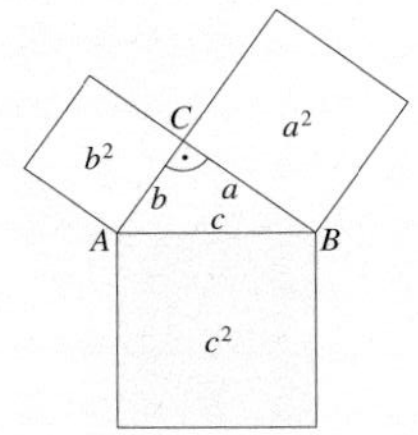

Formel: $a^2 + b^2 = c^2$ a und b sind Katheten. c ist die Hypotenuse.

Beispiel:

$a^2 + (1{,}2\,\text{cm})^2 = (2\,\text{cm})^2 \quad | - (1{,}2\,\text{cm})^2$
$a^2 = (2\,\text{cm})^2 - (1{,}2\,\text{cm})^2$
$a = \sqrt{2{,}56\,\text{cm}^2}$
$a = 1{,}6\,\text{cm}$

▶ Auftrag: Ergänze die Formel passend zur Zeichnung.

Trainieren

1 Gib jeweils zuerst die zum Satz des Pythagoras passende Gleichung an.
Berechne danach die fehlende Seitenlänge.
Hinweis: Markiere jeweils die Hypotenuse.

a)
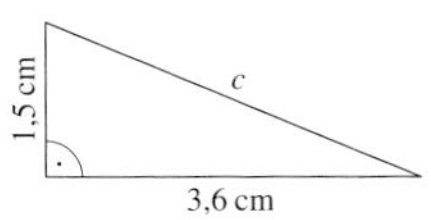

$c^2 = (1{,}5\,\text{cm})^2 + (3{,}6\,\text{cm})^2$
$c^2 = 15{,}21\,\text{cm}^2$
$c = 3{,}9\,\text{cm}$

b)
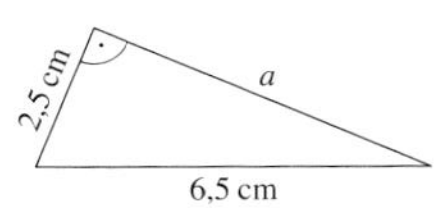

$(6{,}5\,\text{cm})^2 = a^2 + (2{,}5\,\text{cm})^2$
$(6{,}5\,\text{cm})^2 - (2{,}5\,\text{cm})^2 = a^2$
$36\,\text{cm}^2 = a^2$
$6\,\text{cm} = a$

c)
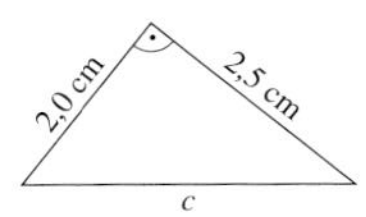

$c^2 = (2\,\text{cm})^2 + (2{,}5\,\text{cm})^2$
$c^2 = 10{,}25\,\text{cm}^2$
$c = \sqrt{10{,}25\,\text{cm}^2}$
$c \approx 3{,}20\,\text{cm}$

d)
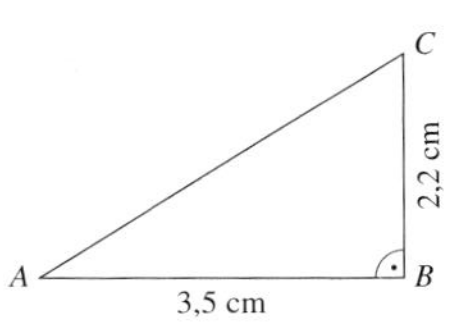

$b^2 = a^2 + c^2$
$b^2 = (2{,}2\,\text{cm})^2 + (3{,}5\,\text{cm})^2$
$b^2 = 17{,}09\,\text{cm}^2$
$b = \sqrt{17{,}09\,\text{cm}^2}$
$b \approx 4{,}13\,\text{cm}$

e)
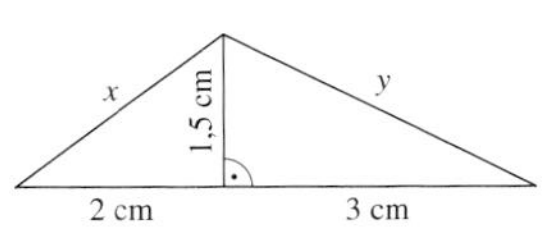

$x^2 = (2\,\text{cm})^2 + (1{,}5\,\text{cm})^2$
$x^2 = 6{,}25\,\text{cm}^2$
$x = \sqrt{6{,}25\,\text{cm}^2}$
$x = 2{,}5\,\text{cm}$

$y^2 = (3\,\text{cm})^2 + (1{,}5\,\text{cm})^2$
$y^2 = 11{,}25\,\text{cm}^2$
$y = \sqrt{11{,}25\,\text{cm}^2}$
$y \approx 3{,}35\,\text{cm}$

f)
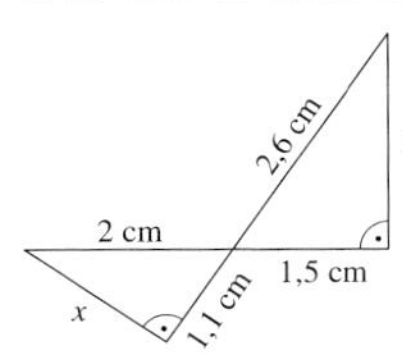

$(2\,\text{cm})^2 = x^2 + (1{,}1\,\text{cm})^2$
$x^2 = (2\,\text{cm})^2 - (1{,}1\,\text{cm})^2$
$x^2 = 2{,}79\,\text{cm}^2$
$x = \sqrt{2{,}79\,\text{cm}^2}$
$x \approx 1{,}67\,\text{cm}$

$(2{,}6\,\text{cm})^2 = y^2 + (1{,}5\,\text{cm})^2$
$y^2 = (2{,}6\,\text{cm})^2 - (1{,}5\,\text{cm})^2$
$y^2 = 4{,}51\,\text{cm}^2$
$y = \sqrt{4{,}51\,\text{cm}^2}$
$y \approx 2{,}12\,\text{cm}$

2 Kreuze alle richtig aufgestellten Gleichungen an.

a)
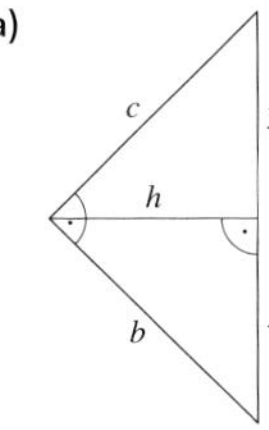

- ☒ $a^2 = c^2 + b^2$
- ☐ $b^2 = c^2 - a^2$
- ☐ $h^2 = c^2 + a^2$
- ☒ $b^2 = x^2 + h^2$
- ☒ $y = \sqrt{c^2 - h^2}$
- ☐ $x = \sqrt{b - h}$

b)
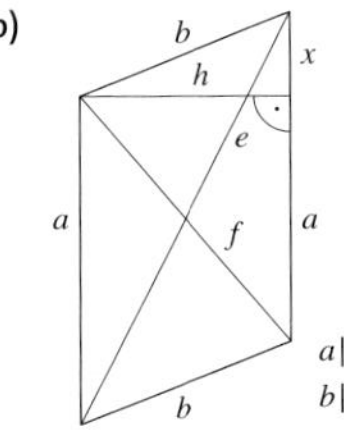

- ☐ $a^2 + b^2 = f^2$
- ☐ $h^2 + a^2 = e^2$
- ☒ $x = \sqrt{b^2 - h^2}$
- ☒ $e = \sqrt{(a-x)^2 + h^2}$
- ☐ $b^2 + (\frac{e}{2})^2 = (\frac{f}{2})^2$
- ☐ $e^2 = a^2 + b^2$

3 Handelt es sich um rechtwinklige Dreiecke?
Unterstreiche gegebenenfalls die Seite, die dem rechten Winkel gegenüberliegt.
Zusatzaufgabe: Ändere eine Seitenlänge, sodass ein rechtwinkliges Dreieck vorliegt.

a)	$a = 0{,}5\,\text{cm}$; $b = 0{,}3\,\text{cm}$; $c = 0{,}4\,\text{cm}$		☒ rechtwinklig	☐ nicht rechtwinklig
b)	$a = 1{,}2\,\text{m}$; $b = 20\,\text{dm}$; $c = 1{,}6\,\text{m}$		☒ rechtwinklig	☐ nicht rechtwinklig
c)	$a = 270\,\text{m}$; $b = 450\,\text{m}$; $c = 210\,\text{m}$	z. B. $b \approx 342\,\text{m}$	☐ rechtwinklig	☒ nicht rechtwinklig
d)	$a = 250\,\text{cm}$; $b = 2{,}8\,\text{m}$; $c = 24\,\text{dm}$	z. B. $b \approx 3{,}5\,\text{m}$	☐ rechtwinklig	☒ nicht rechtwinklig

Anwenden und Vernetzen

4 Unter einem 2,18 m hohen, 1,05 m breiten und 0,65 m tiefen Schrank soll Teppich verlegt werden.
Das Zimmer ist 2,40 m hoch.
Um welche Kante muss der Schrank beim Verlegen des Teppichs gekippt werden?

Er kann beim Verlegen lediglich um die 1,05 m lange Kante gekippt werden. Nur die Flächendiagonale der „2,18 m × 0,65 m"-Schrankwand liegt mit $\sqrt{(2{,}18\,\text{m})^2 + (0{,}65\,\text{m})^2} \approx 2{,}27\,\text{m}$ gerade noch unter der Zimmerhöhe.

5 Wenn man die Kugel am Ende eines Fadenpendels 20 cm (waagerecht gemessen) zur Seite auslenkt, so gewinnt die Kugel 2 cm an Höhe. Wie lang ist das Pendel?
Hinweis: Vervollständige die Zeichnung zu einer für die Aufgabe hilfreichen Skizze.

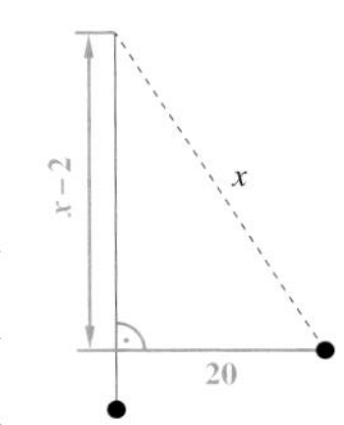

Länge x des Pendels: $x^2 = (20\,\text{cm})^2 + (x - 2\,\text{cm})^2 = 400\,\text{cm}^2 + x^2 - 4\,\text{cm} \cdot x + 4\,\text{cm}^2$

$x = 101\,\text{cm}$ Das Pendel ist 101 cm lang.

6 Berechne die Längen der Raumdiagonalen d eines Würfels mit der Kantenlänge $k = 4\,\text{cm}$.
Zusatzaufgabe: Gib eine möglichst kurze allgemeine Formel zur Berechnung der Raumdiagonalen d eines Würfels mit beliebiger Kantenlänge k an.

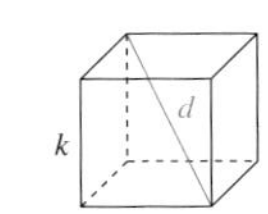

e sei eine Seitendiagonale. $e = \sqrt{(4\,\text{cm})^2 + (4\,\text{cm})^2} \approx 5{,}66\,\text{cm}$

$d = \sqrt{e^2 + (4\,\text{cm})^2} \approx 6{,}93\,\text{cm}$ Die Raumdiagonale d ist rund 6,93 cm lang.

allgemeine Formel: $d = \sqrt{3 \cdot k^2} = \sqrt{3} \cdot k$

Wahrscheinlichkeiten bei Laplace-Experimenten

▶ Grundwissen

Für Zufallsexperimente, bei denen alle Ergebnisse gleichwahrscheinlich sind, gilt:

$$\text{Wahrscheinlichkeit eines Ereignisses} = \frac{\text{Anzahl der günstigen Ergebnisse}}{\text{Anzahl aller möglichen Ergebnisse}}$$

Beispiel: Würfeln keiner „1“; „2“; „3“ oder „4“

Anzahl der für das Ereignis günstigen Ergebnisse: 2 („5“ und „6“)

Anzahl aller möglichen Ergebnisse: 6 („1“; „2“; „3“; „4“; „5“ und „6“)

P (Würfeln keiner „1“; „2“; „3“ oder „4“) = $\frac{2}{6} = \frac{1}{3}$

▶ Auftrag: Ergänze das Beispiel.

Trainieren

1 Die Spieler beim „Mensch ärgere dich nicht“ haben zwei Ziele.
Sie wollen mit dem nächsten Wurf mit einem Mal Würfeln einen Stein ins Ziel bringen oder einen Stein eines Gegners „rauswerfen“. Im Zielbereich darf ein Stein übersprungen werden.

a) Welche Augenzahl ist beim nächsten Wurf demzufolge jeweils ein günstiges Ergebnis?

Günstiges Ergebnis, wenn „Gelb“ als Nächstes würfelt.

Augenzahl: „1“

Günstiges Ergebnis, wenn „Schwarz“ als Nächstes würfelt.

Augenzahl: „6“

Günstiges Ergebnis, wenn „Rot“ als Nächstes würfelt.

Augenzahl: „2“ oder „4“

b) Ermittle die Wahrscheinlichkeiten.

Ein gelber Stein kommt beim nächsten Wurf im Ziel an. $\frac{1}{6}$

Ein roter Stein kommt beim nächsten Wurf im Ziel an. 0

Ein roter Stein wirft beim nächsten Wurf einen schwarzen Stein raus. $\frac{2}{6} = \frac{1}{3}$

Kein schwarzer Stein kann beim nächsten Wurf bewegt werden. $\frac{1}{6}$

2 Aus einem vollständigen Skatspiel wird eine Karte gezogen.
Gib die Wahrscheinlichkeiten der Ereignisse an.

a) Eine Pik-Karte wird gezogen. $\frac{8}{32} = \frac{1}{4}$

b) Ein König wird gezogen. $\frac{4}{32} = \frac{1}{8}$

c) Eine Herz-Karte, die kein Ass ist, wird gezogen. $\frac{7}{32}$

d) Eine Herz-Karte oder eine Pik-Karte wird gezogen. $\frac{16}{32} = \frac{1}{2}$

3 Peter und Paul spielen mit einem 20-seitigen Spielwürfel.
Schreibe jeweils die Wahrscheinlichkeit des Ereignisses auf.
Hinweis: Schreibe die günstigen Ergebnisse auf.

a) Mit welcher Wahrscheinlichkeit fällt eine gerade Zahl?

$\frac{10}{20}$ (günstige Ergebnisse: „2“; „4“; „6“; „8“; „10“; „12“; „14“; „16“; „18“; „20“)

b) Mit welcher Wahrscheinlichkeit fällt eine durch 6 teilbare Zahl?

$\frac{3}{20}$ (günstige Ergebnisse: „6“; „12“; „18“)

c) Mit welcher Wahrscheinlichkeit fällt eine Zahl, die man nicht durch 7 teilen kann?

$\frac{18}{20}$ (günstige Ergebnisse: nicht „7“ und nicht „14“)

d) Mit welcher Wahrscheinlichkeit fällt eine Quadratzahl?

$\frac{4}{20}$ (günstige Ergebnisse: „1“; „4“; „9“; „16“)

e) Mit welcher Wahrscheinlichkeit fällt eine Zahl, die durch 5 oder durch 8 teilbar ist?

$\frac{6}{20}$ (günstige Ergebnisse: „5“, „10“, „15“, „20“, „8“, „16“)

f) Mit welcher Wahrscheinlichkeit fällt eine Primzahl?

$\frac{8}{20}$ (günstige Ergebnisse: „2“; „3“; „5“; „7“; „11“; „13“; „17“; „19“)

Anwenden und Vernetzen

4 Petra und Paula wetten beim Würfeln mit einem 20-seitigen Würfel.
Petra gewinnt, wenn die Zahl größer als 12 ist. Paula gewinnt, wenn die Zahl durch 3 teilbar ist.
Ist das fair? Begründe.

Das Spiel ist nicht fair. Petra gewinnt bei „13“; „14“; „15“; „16“; „17“; „18“; „19“ und „20“.

Die Wahrscheinlichkeit beträgt $\frac{8}{20} = 40\,\%$.

Paula gewinnt bei „3“; „6“; „9“; „12“; „15“ und „18“. Die Wahrscheinlichkeit beträgt $\frac{6}{20} = 30\,\%$.

5 In einer Kiste sind mehrere Karten. Auf 5 Karten ist ein Quadrat, auf 7 Karten ist ein Rechteck, auf 9 Karten ist ein unregelmäßiges Dreieck und auf 4 Karten ist ein Kreis abgebildet.
Es wird jeweils nur eine Karte aus der Kiste gezogen. Danach wird diese zurückgelegt.
Gib jeweils die Wahrscheinlichkeit des Ereignisses in drei unterschiedlichen Schreibweisen an.

a) Die Innenwinkelsumme der Figur auf der Karte beträgt 360°.

$\frac{12}{25} = 0{,}48 = 48\,\%$ (günstige Ergebnisse: 5 Quadrate; 7 Rechtecke)

b) Eine Karte ohne Kreis wird gezogen.

$\frac{21}{25} = 0{,}84 = 84\,\%$ (günstige Ergebnisse: 5 Quadrate; 7 Rechtecke; 9 Dreiecke)

c) Eine Karte mit einer symmetrischen Figur wird gezogen.

$\frac{16}{25} = 0{,}64 = 64\,\%$ (günstige Ergebnisse: 5 Quadrate; 7 Rechtecke; 4 Kreise)

d) Die Wahrscheinlichkeit eines Ereignisses beträgt 56 %. Welches Ereignis kann dies sein?

$56\,\% = \frac{14}{25} \approx 0{,}56$ Da 5 + 9 = 14, ist das Ereignis z. B. „Ziehen eines Quadrats oder Dreiecks“.

Baumdiagramme

▶ Grundwissen

Mit Baumdiagrammen können mehrstufige Zufallsversuche dargestellt werden.

Beispiel:
Martin (M), Alexander (A) und Kolja (K) überlegen, wer beim Staffellauf als Erster, Zweiter bzw. Dritter startet.
Dafür veranschaulichen sie alle Möglichkeiten genau einmal.

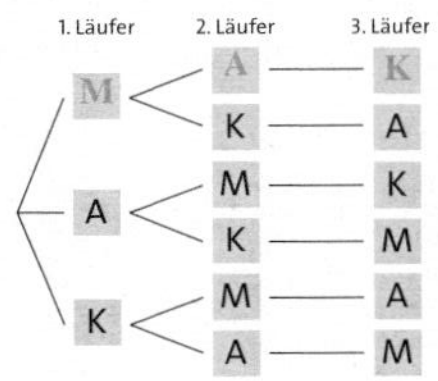

Variante 1: Martin – Alexander – Kolja
Variante 2: Martin – Kolja – Alexander
Variante 3: Alexander – Martin – Kolja
Variante 4: Alexander – Kolja – Martin
Variante 5: Kolja – Martin – Alexander
Variante 6: Kolja – Alexander – Martin

▶ Auftrag: Ergänze Variante 1.

Trainieren

1 Jeder der drei Streifen der Flagge des Sportclubs Tricolor soll eine andere Farbe haben. Schwarz, Grün, Blau und Rot stehen zur Verfügung.

a) Veranschauliche im Baumdiagramm alle Möglichkeiten. Färbe dazu die Teile der Flaggen ein.

b) Markiere die drei am besten aussehenden Flaggen. individuelle Lösung

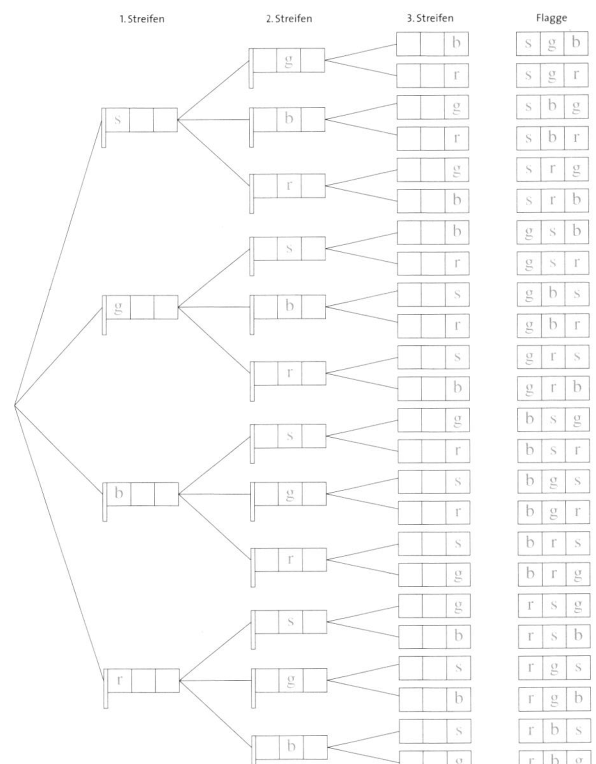

2 Anordnen von Buchstaben

a) Stelle im Baumdiagramm alle Möglichkeiten, die Buchstaben O, R und T nacheinander anzuordnen, dar. Notiere rechts daneben die Möglichkeiten und unterstreiche alle Anordnungen, die ein sinnvolles Wort ergeben.

z. B.

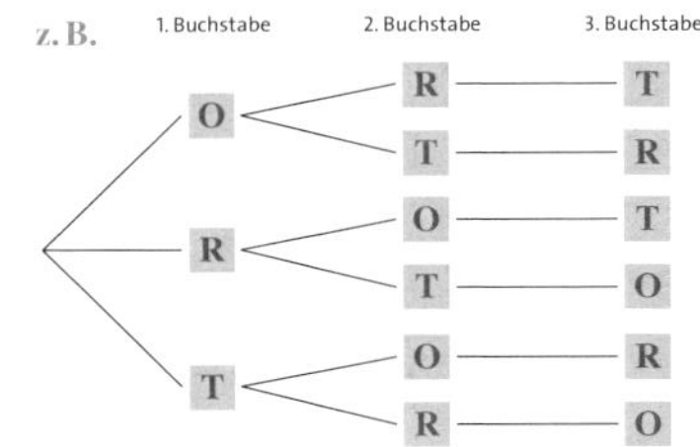

ORT
OTR
ROT
RTO
TOR
TRO

b) Wie viele Möglichkeiten gibt es, die Buchstaben O, R, T und E nacheinander anzuordnen? Begründe dein Ergebnis.

Für den 1. Buchstaben gibt es vier Möglichkeiten, für jeden 2. Buchstaben drei Möglichkeiten, für jeden 3. Buchstaben zwei Möglichkeiten und für jeden 4. Buchstaben eine Möglichkeit. $4 \cdot 3 \cdot 2 \cdot 1 = 24$

Es gibt 24 Möglichkeiten, die Buchstaben O, R, T und E nacheinander anzuordnen.

Anwenden und Vernetzen

3 *Anna sagt: „Ich habe drei Geschwister. Mindestens eins davon ist ein Bruder."*
Stefanie sagt: „Ich habe auch drei Geschwister. Das jüngste ist ein Bruder."

Finde mithilfe eines Baumdiagramms heraus, wer von beiden vermutlich eher mindestens zwei Brüder haben kann. Begründe deine Meinung.
Hinweis: Schreibe jeweils „J" für Bruder bzw. Junge und „M" für Schwester bzw. Mädchen.

z. B.

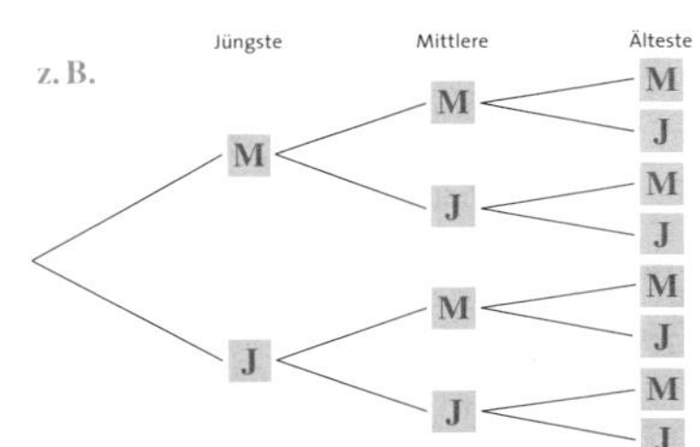

Geschwister nach dem Alter sortiert von Anna:

MMJ; MJM; MJJ; JMM; JMJ; JJM; JJJ

Geschwister nach dem Alter sortiert von Stefanie:

JMM; JMJ; JJM; JJJ

Bei Anna gibt es insgesamt 7 Möglichkeiten. Bei 4 davon hat sie mindestens zwei Brüder. Der Anteil beträgt $\frac{4}{7}$.

Bei Stefanie gibt es insgesamt 4 Möglichkeiten. Bei 3 davon hat sie mindestens zwei Brüder. Der Anteil beträgt $\frac{3}{4}$.

$\frac{4}{7} = \frac{16}{28}$ $\frac{3}{4} = \frac{21}{28}$ $\frac{16}{28} < \frac{21}{28}$ Stefanie hat demzufolge vermutlich eher zwei Brüder.

Pfadregeln

▶ Grundwissen

- Produktregel: Bei zweistufigen Zufallsexperimenten erhält man die Wahrscheinlichkeit eines Ergebnisses, indem man die Wahrscheinlichkeiten entlang des zugehörigen Pfades multipliziert.
- Summenregel: Bei zweistufigen Zufallsexperimenten ist die Wahrscheinlichkeit eines Ereignisses gleich der Summe der Wahrscheinlichkeiten aller Pfade, die zum Ereignis gehören.

Beispiel:
Martin (M), Alexander (A) und Kolja (K) überlegen:
Wie wahrscheinlich ist es, dass nach der Auslosung Martin als Erster und Alexander als Zweiter startet?
Wie wahrscheinlich ist es, dass nach der Auslosung Martin als Zweiter startet?

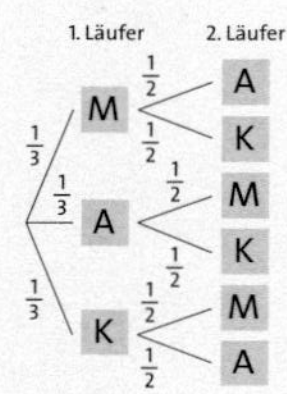

P(„Martin als Erster und Alexander als Zweiter") = $\frac{1}{3} \cdot \frac{1}{2} = \frac{1}{6}$

P(„Martin als Zweiter") = $\frac{1}{3} \cdot \frac{1}{2} + \frac{1}{3} \cdot \frac{1}{2} = \frac{2}{6} = \frac{1}{3}$

▶ Auftrag: Berechne die gesuchten Wahrscheinlichkeiten.

Trainieren

1 Das Glücksrad wird zweimal gedreht.

a) Ergänze das zugehörige Baumdiagramm, die Ergebnisse und die Wahrscheinlichkeiten.

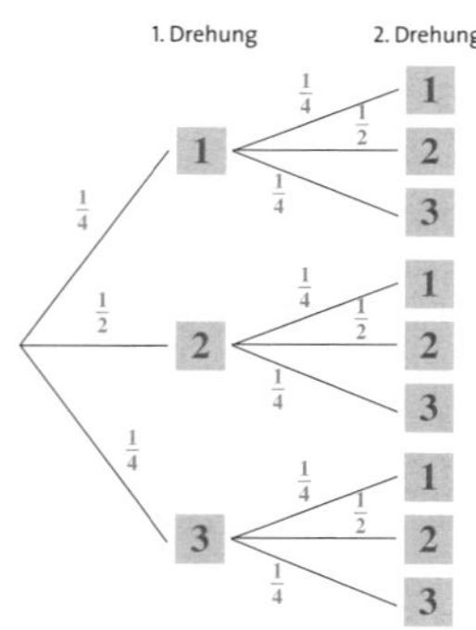

Wahrscheinlichkeiten der Ergebnisse

$P(\{(1|1)\}) = \frac{1}{16}$
$P(\{(1|2)\}) = \frac{1}{8}$
$P(\{(1|3)\}) = \frac{1}{16}$
$P(\{(2|1)\}) = \frac{1}{8}$
$P(\{(2|2)\}) = \frac{1}{4}$
$P(\{(2|3)\}) = \frac{1}{8}$
$P(\{(3|1)\}) = \frac{1}{16}$
$P(\{(3|2)\}) = \frac{1}{8}$
$P(\{(3|3)\}) = \frac{1}{16}$

b) Vervollständige folgende Tabelle.

erzielte Summe nach zweimal Drehen	2	3	4	5	6
Wahrscheinlichkeit	$\frac{1}{16}$	$\frac{2}{8} = \frac{1}{4}$	$\frac{6}{16} = \frac{3}{8}$	$\frac{2}{8} = \frac{1}{4}$	$\frac{1}{16}$

c) Mit welcher Wahrscheinlichkeit ist die erzielte Summe größer als 4?

$\frac{1}{8} + \frac{1}{8} + \frac{1}{16} = \frac{5}{16}$ Die Wahrscheinlichkeit, dass die erzielte Summe größer als 4 ist, ist $\frac{5}{16}$.

d) Gib ein Beispiel für ein Ereignis an, das mit der Wahrscheinlichkeit 0 eintritt.
z. B.
Die erzielte Summe ist 9.

2 Eine 50-Cent-Münze und ein Spielwürfel mit den Augenzahlen 1 bis 6 fallen gleichzeitig zu Boden.

a) Vervollständige das Baumdiagramm so, dass alle möglichen Ergebnisse leicht ablesbar sind.

b) Gib die entsprechenden Wahrscheinlichkeiten an.
A: „Wappen und eine Zahl, die größer als 4 ist"

$P(A) = \frac{2}{12} = \frac{1}{6}$

B: „50 Cent und eine Zahl, die kleiner bzw. gleich 3 ist"

$P(B) = \frac{3}{12} = \frac{1}{4}$

c) Gib ein Experiment (ohne Spielwürfel und Münze) an, das auch durch den Baum von Teilaufgabe **a** beschrieben wird.
Hinweis: Kontrolliert die Beschreibungen gegenseitig.

individuelle Lösung

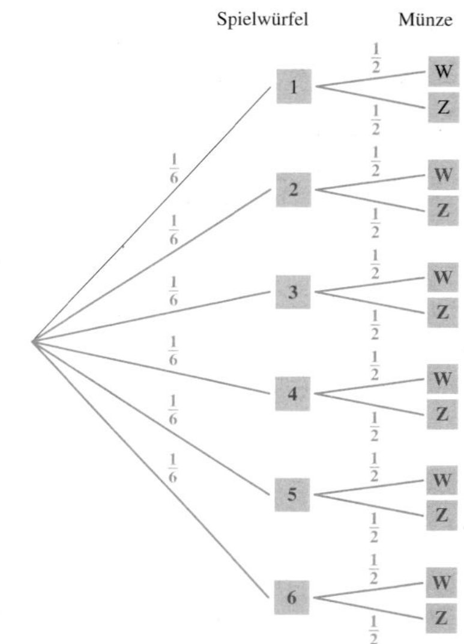

Anwenden und Vernetzen

3 Micha Steiger übte im Training Elfmeterschießen. Er schoss jeweils dreimal hintereinander. Der Trainer notierte alle Ergebnisse und erstellte die abgebildete Erfolgsstatistik.

Schuss	1	2	3
Wahrscheinlichkeit für einen Treffer	90 %	75 %	70 %

a) Erstelle ein vollständig beschriftetes Baumdiagramm. Trage darin die Wahrscheinlichkeiten ein.
Hinweis: „T" steht für „Treffer" und „N" für „kein Tor".

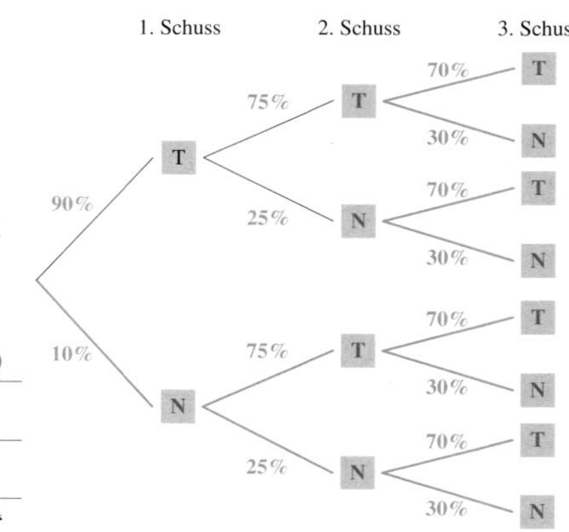

b) Mit welcher Wahrscheinlichkeit trifft Steiger dreimal hintereinander?

P(„trifft dreimal hintereinander") = 0,90 · 0,75 · 0,70

= 0,4725 = 47,25 %

Die Wahrscheinlichkeit beträgt 47,25 %.

c) Schreibe das Ereignis E_1: „Er schießt höchstens ein Tor" als Menge und berechne $P(E_1)$.

E_1: {(N|N|N); (T|N|N); (N|T|N); (N|N|T)}

$P(E_1)$ = 0,10 · 0,25 · 0,30 + 0,90 · 0,25 · 0,30 + 0,10 · 0,75 · 0,30 + 0,10 · 0,25 · 0,70 = 0,115 = 11,5 %

d) Der Ball eines Profifußballers fliegt mit ca. 100 $\frac{km}{h}$.
Überschlage, wie lange er für 11 m benötigt.

Der Ball benötigt ca. 0,4 s.

Umfang eines Kreises

▶ Grundwissen

- Der Quotient von Umfang u und Durchmesser d ist bei allen Kreisen gleich. $u : d = \pi \approx 3{,}14$
- Für den Umfang u eines Kreises gilt: $u = \pi \cdot d$

  $u = \pi \cdot 2r$

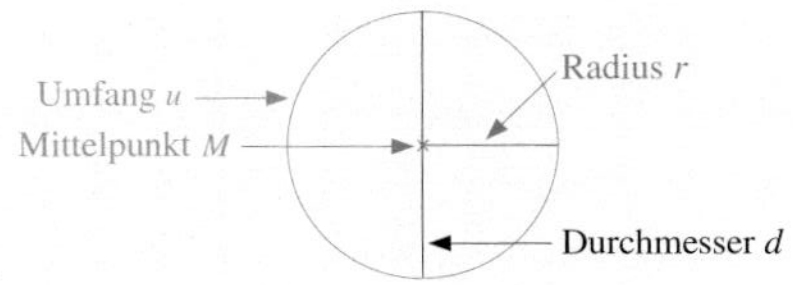

▶ Auftrag: Stelle eine Formel zur Berechnung des Umfangs u mithilfe des Radius r auf.

Trainieren

1

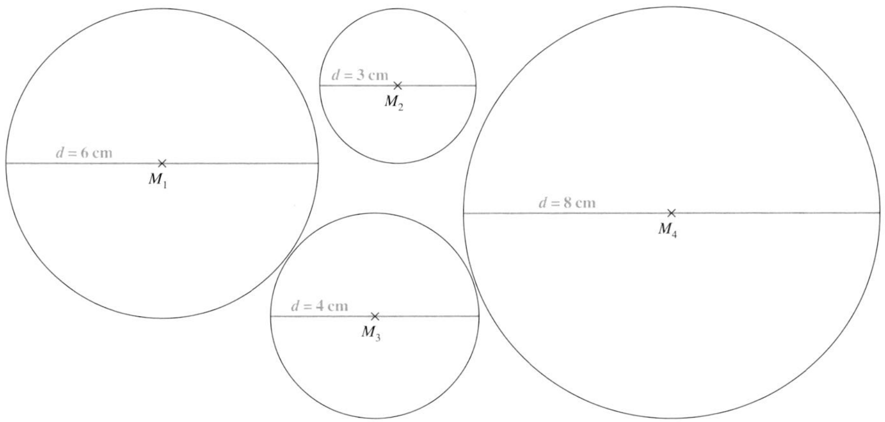

a) Die Umfänge der Kreise wurden geschätzt. Ermittle, ohne zu messen, jeweils den besseren Schätzwert. Kreuze ihn an.

Kreis um M_1 ☒ 20 cm ☐ 25 cm Kreis um M_2 ☒ 10 cm ☐ 15 cm Kreis um M_3 ☐ 9 cm ☒ 12 cm Kreis um M_4 ☐ 16 cm ☒ 24 cm

b) Berechne jeweils mithilfe des Durchmessers den Umfang. Runde auf Hundertstel.

$u_1 = \pi \cdot 6\,\text{cm} \approx 18{,}85\,\text{cm}$ $u_2 = \pi \cdot 3\,\text{cm} \approx 9{,}42\,\text{cm}$ $u_3 = \pi \cdot 4\,\text{cm} \approx 12{,}57\,\text{cm}$ $u_4 = \pi \cdot 8\,\text{cm} \approx 25{,}13\,\text{cm}$

2 Berechne die fehlenden Werte. Runde auf Hundertstel.

Durchmesser	10,00 cm	0,28 m	5,5 km	237,00 mm	22,80 dm	8,2 dm
Radius	5,00 cm	0,14 m	2,75 km	118,50 mm	11,40 dm	4,1 dm
Umfang	31,42 cm	0,88 m	17,28 km	744,56 mm	71,63 dm	25,76 dm

3 Von oben gesehen sind folgende Objekte Kreise. Ordne diesen den entsprechenden Umfang zu.

Münze | Mittelkreis eines Fußballfeldes | Rad eines Fahrrades | Teller | Longdrinkglas

1,95 dm | 57,8 m | 7,23 cm | 2,17 m | 75,4 cm | 37,15 cm

4 Berechne jeweils den Umfang der gelben Flächen. Miss dazu benötigte Streckenlängen.

a) 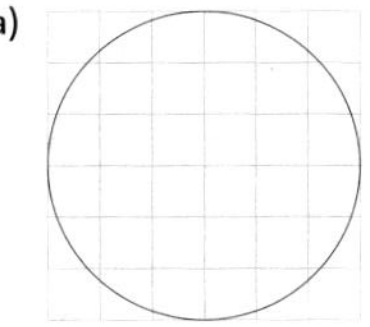
Umfang: $\pi \cdot 3\,\text{cm}$ $\approx 9{,}42\,\text{cm}$

b) 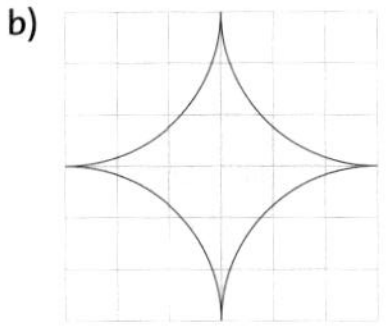
Umfang: $\pi \cdot 3\,\text{cm}$ $\approx 9{,}42\,\text{cm}$

c) 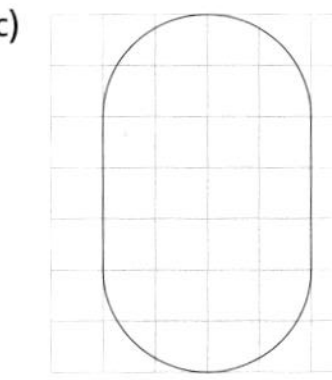
Umfang: $\pi \cdot 2\,\text{cm} + 2 \cdot 1{,}5\,\text{cm}$ $\approx 9{,}28\,\text{cm}$

d) 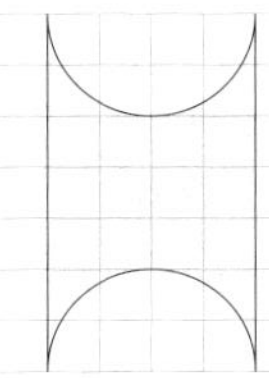
Umfang: $\pi \cdot 2\,\text{cm} + 2 \cdot 3{,}5\,\text{cm}$ $\approx 13{,}28\,\text{cm}$

5 Kann mit einem 20 m langen Seil ein Kreis mit 6 m Durchmesser gelegt werden? Begründe kurz deine Antwort.

Ja, denn 20 m : $\pi \approx 6{,}37$ m > 6 m.

Anwenden und Vernetzen

6 Die abgebildete Figur wurde nur mit einem Zirkel gezeichnet.
Der weiße Kreis hat einen Durchmesser von 1,2 cm.

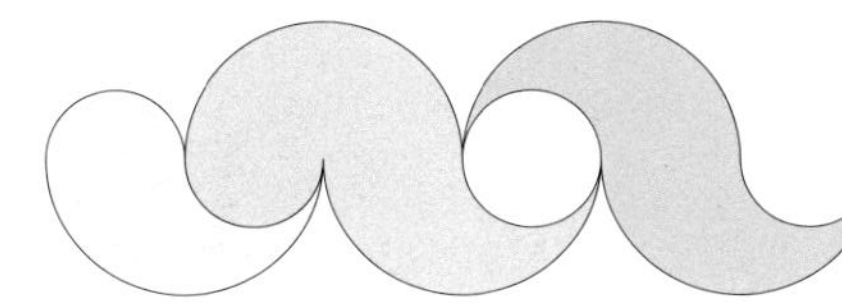

a) Zeichne die Figur im Maßstab 2 : 1.

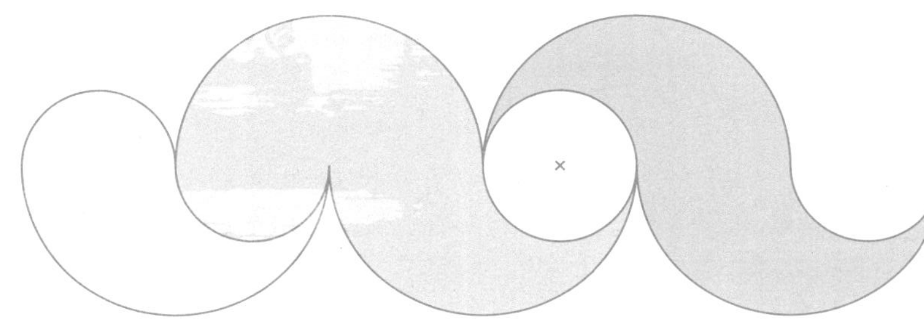

b) Berechne von der Figur im Maßstab 2 : 1 jeweils den Umfang folgender Teilfiguren.
Zusatzaufgabe: Prüfe mithilfe einer Schnur, ob deine Ergebnisse bei Teilaufgabe **b** richtig sein können.

weißer Kreis $\pi \cdot 2{,}4\,\text{cm} \approx 7{,}54\,\text{cm}$

blaue Fläche $\pi \cdot 2{,}4\,\text{cm} + \pi \cdot 4{,}8\,\text{cm} \approx 22{,}62\,\text{cm}$

graue Fläche $\pi \cdot 2{,}4\,\text{cm} + \pi \cdot 4{,}8\,\text{cm} \approx 22{,}62\,\text{cm}$

gelbe Fläche $\pi \cdot 2{,}4\,\text{cm} + 0{,}5 \cdot \pi \cdot 4{,}8\,\text{cm} \approx 15{,}08\,\text{cm}$

Kreisfläche

▶ Grundwissen

Der Flächeninhalt A eines Kreises mit dem Radius r lässt sich mit folgender Formel berechnen.

$A = r^2 \cdot \pi$

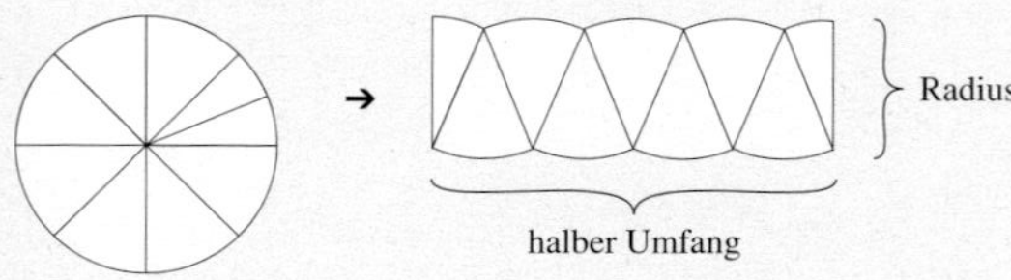

$A = \pi \cdot \left(\frac{d}{2}\right)^2 = \pi \cdot \frac{d^2}{4} = \frac{1}{4}\pi \cdot d^2$

▶ Auftrag: Stelle eine Formel zur Berechnung des Flächeninhalts A mithilfe des Durchmessers d auf.

Trainieren

1

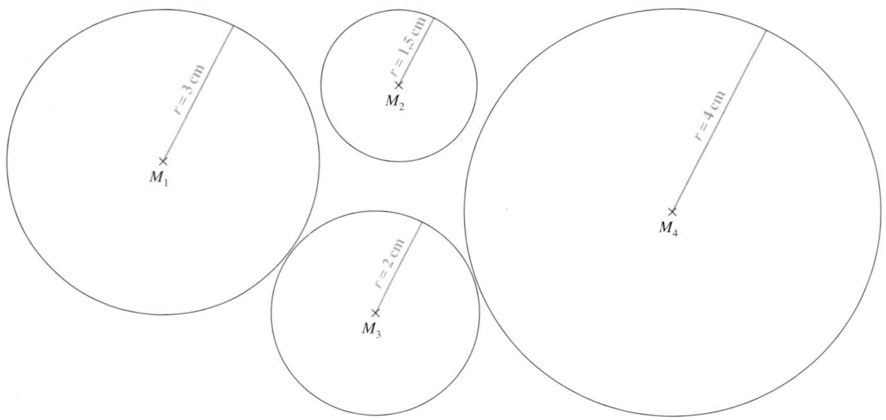

a) Die Flächeninhalte der Kreise wurden geschätzt.
Ermittle, ohne zu messen, jeweils den besseren Schätzwert. Kreuze ihn an.

Kreis um M_1 ☒ 27 cm² ☐ 45 cm²   Kreis um M_2 ☐ 6 cm² ☒ 7 cm²   Kreis um M_3 ☐ 6 cm² ☒ 12 cm²   Kreis um M_4 ☒ 48 cm² ☐ 78 cm²

b) Berechne jeweils mithilfe des Radius den Flächeninhalt. Runde auf Hundertstel.

$A_1 = \pi \cdot (3\,\text{cm})^2 \approx 28{,}27\,\text{cm}^2$ $A_2 = \pi \cdot (1{,}5\,\text{cm})^2 \approx 7{,}07\,\text{cm}^2$ $A_3 = \pi \cdot (2\,\text{cm})^2 \approx 12{,}57\,\text{cm}^2$ $A_4 = \pi \cdot (4\,\text{cm})^2 \approx 50{,}27\,\text{cm}^2$

2 Berechne die fehlenden Werte. Runde auf Hundertstel.

Durchmesser	10,00 cm	0,28 m	5,5 km	23,7 m	2,40 dm	8,2 dm
Radius	5,00 cm	0,14 m	2,75 km	11,85 m	1,20 dm	4,1 dm
Flächeninhalt	78,54 m²	0,06 m²	23,76 km²	441,15 m²	4,52 dm²	52,81 dm²

3 Von oben gesehen sind folgende Objekte Kreise. Schätze, wie groß die entsprechenden Flächeninhalte sind.

a) 1-Euro-Münze ca. 4 cm²
b) Mittagsteller 400 cm² bis 700 cm²
c) Tischtennisball ca. 13 cm²
d) Mittelkreis eines Fußballfeldes ca. 266 m²

4 Berechne jeweils den Flächeninhalt der gelben Flächen. Miss dazu benötigte Streckenlängen.
Hinweis: Prüfe mithilfe der Kästchen, ob deine Ergebnisse stimmen können.

a)
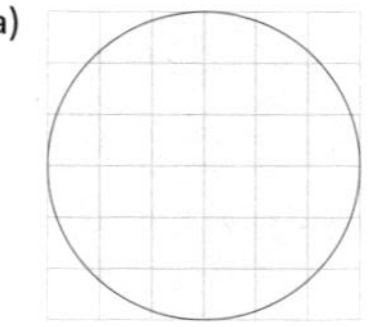
Flächeninhalt:
$\pi \cdot (1{,}5\,\text{cm})^2$
$\approx 7{,}07\,\text{cm}^2$

b)
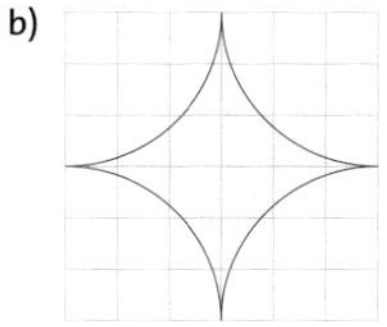
Flächeninhalt:
$9\,\text{cm}^2 - \pi \cdot (1{,}5\,\text{cm})^2$
$\approx 1{,}93\,\text{cm}^2$

c)
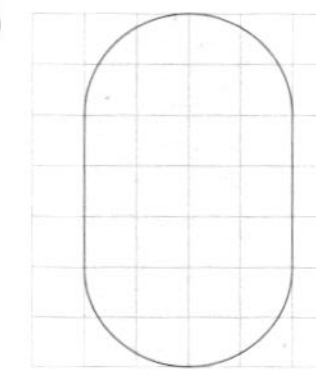
Flächeninhalt:
$3\,\text{cm}^2 + \pi \cdot (1\,\text{cm})^2$
$\approx 6{,}14\,\text{cm}^2$

d)
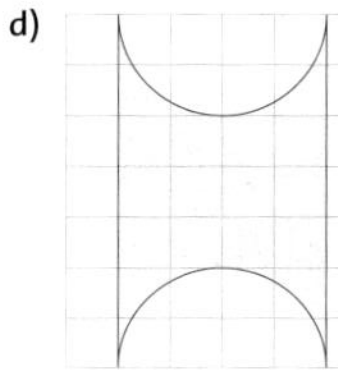
Flächeninhalt:
$7\,\text{cm}^2 - \pi \cdot (1\text{cm})^2$
$\approx 3{,}86\,\text{cm}^2$

5 Mit einer 16 cm langen Schnur wurde zuerst ein Quadrat und danach ein Kreis gelegt.
Welche der beiden Figuren hatte den größeren Flächeninhalt?

Der Kreis hatte den größeren Flächeninhalt ($A_{\text{Kreis}} \approx 20\,\text{cm}^2$; $A_{\text{Quadrat}} = 16\,\text{cm}^2$).

Anwenden und Vernetzen

6 Die Zuschauerplätze einer Freilichtbühne sind auf einer halbkreisförmigen Fläche mit 42,00 m Durchmesser angeordnet.
Pro Zuschauer wird ein Platzbedarf von 0,60 m² angenommen.
Wie viele Eintrittskarten können verkauft werden?

Flächeninhalt des Halbkreises: $\pi \cdot (21\,\text{m})^2 : 2 \approx 692{,}72\,\text{m}^2$

Plätze: $692{,}72\,\text{m}^2 : 0{,}60\,\text{m}^2 \approx 1154{,}53$

Höchstens 1154 Eintrittskarten können verkauft werden.

7 Bei der Restauration einer Kirche soll das folgende Ornament nachgezeichnet werden.
Für einen Quadratmeter benötigt man 0,8 l Farbe.

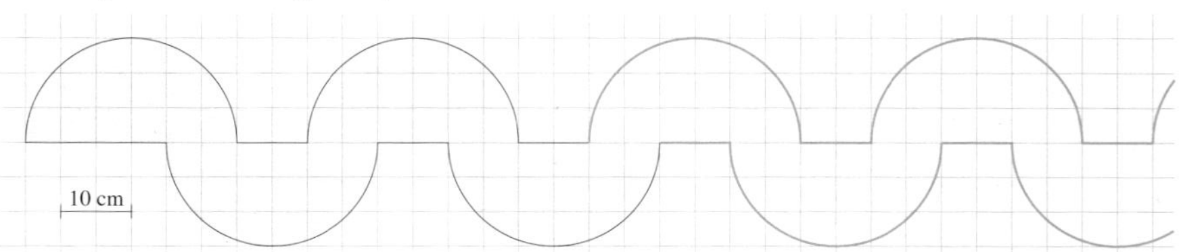

a) Berechne zuerst den Farbverbrauch für den abgebildeten Teil des Ornamentes. Setze es danach bis zum Rand fort.
Hinweis: Beachte den Maßstab.

Flächeninhalt: $\pi \cdot (15\,\text{cm})^2 \cdot 2 \approx 1413{,}72\,\text{cm}^2 \approx 0{,}14\,\text{m}^2$ Farbe: $0{,}14 \cdot 0{,}8\,\text{l} = 0{,}112\,\text{l}$

Es werden rund 0,11 l Farbe benötigt.

b) Zusatzaufgabe: Ergänze weitere Elemente im Ornament und ermittle den Farbverbrauch. individuelle Lösung

Kreisteile

▶ Grundwissen

Flächeninhalt eines Kreisrings
$A_R = \pi \cdot r_a^2 - \pi \cdot r_i^2$

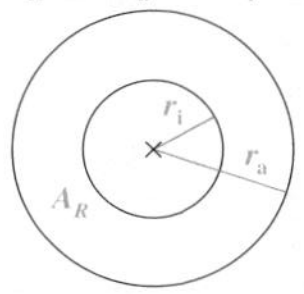

Flächeninhalt eines Kreissektors
$A_S = \frac{\alpha}{360°} \cdot \pi \cdot r^2$

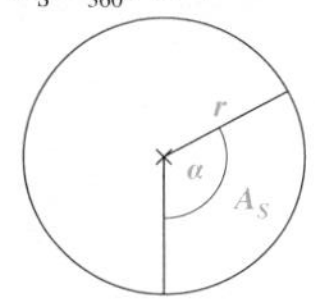

Länge eines Kreisbogens
$b = \frac{\alpha}{360°} \cdot \pi \cdot d$

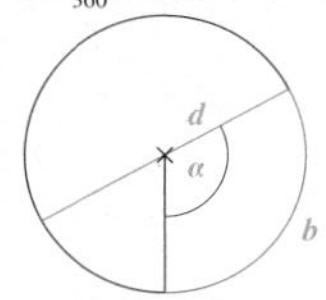

Beispiele:
$A_R = \pi \cdot (1{,}4\,\text{cm})^2 - \pi \cdot (0{,}7\,\text{cm})^2$

$A_R \approx$ 4,62 cm²

$A_S = \frac{120°}{360°} \cdot \pi \cdot (1{,}4\,\text{cm})^2$

$A_S \approx 2{,}05\,\text{cm}^2$

$b = \frac{120°}{360°} \cdot \pi \cdot 2{,}8\,\text{cm}$

$b \approx 2{,}93\,\text{cm}$

▶ Auftrag: Ergänze α; A_R; A_S; b; d; r; r_a; r_i in den Zeichnungen und berechne die Ergebnisse.

Trainieren

1 Kreuze zuerst die kleinste(n) gelbe(n) Fläche(n) an und berechne danach die Flächeninhalte.

① ☒

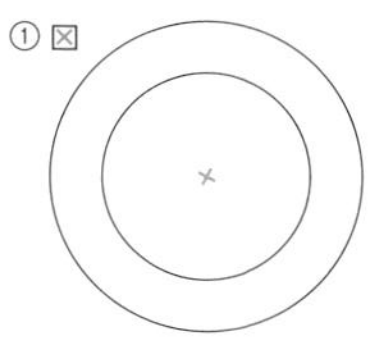

$\pi \cdot (1{,}5\,\text{cm})^2 - \pi \cdot (1\,\text{cm})^2$

$\approx 3{,}93\,\text{cm}^2$

② ☐

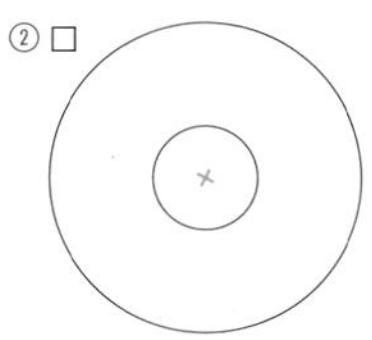

$\pi \cdot (1{,}5\,\text{cm})^2 - \pi \cdot (0{,}5\,\text{cm})^2$

$\approx 6{,}28\,\text{cm}^2$

③ ☒

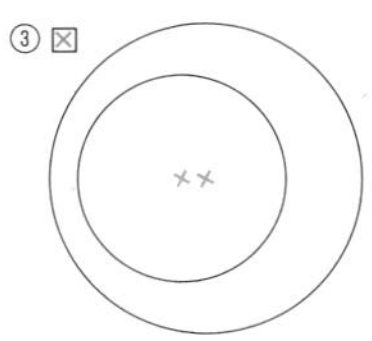

$\pi \cdot (1{,}5\,\text{cm})^2 - \pi \cdot (1\,\text{cm})^2$

$\approx 3{,}93\,\text{cm}^2$

④ ☒

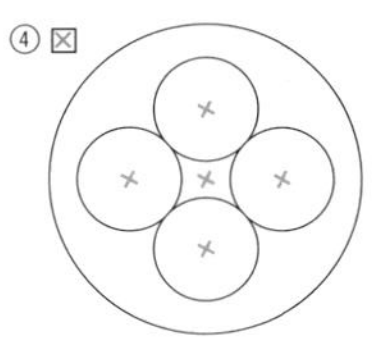

$\pi \cdot (1{,}5\,\text{cm})^2 - 4 \cdot \pi \cdot (0{,}5\,\text{cm})^2$

$\approx 3{,}93\,\text{cm}^2$

2 Ergänze für einen Kreis mit einem Radius von einem Dezimeter die Tabelle.

Mittelpunktswinkel	180°	90°	45°	270°	135°	225°
Bogenlänge	π dm	$\frac{1}{2} \cdot \pi$ dm	$\frac{1}{4} \cdot \pi$ dm	$\frac{3}{2} \cdot \pi$ dm	$\frac{3}{4} \cdot \pi$ dm	$1\frac{1}{4} \cdot \pi$ dm
Flächeninhalt des Kreisausschnittes	$\frac{1}{2} \cdot \pi\,\text{dm}^2$	$\frac{1}{4} \cdot \pi\,\text{dm}^2$	$\frac{1}{8} \cdot \pi\,\text{dm}^2$	$\frac{3}{4} \cdot \pi\,\text{dm}^2$	$\frac{3}{8} \cdot \pi\,\text{dm}^2$	$\frac{5}{8} \cdot \pi\,\text{dm}^2$

3 Ordne die Mittelpunktswinkel, die Flächeninhalte der Kreissektoren und die Längen der Kreisbögen zu.

Halbkreis mit $r = 10$ m | Viertelkreis mit $r = 12$ m | Zehntelkreis mit $d = 12$ m | Zwölftelkreis mit $d = 14$ m

$\alpha = 90°$ | $\alpha = 36°$ | $\alpha = 180°$ | $\alpha = 120°$ | $\alpha = 30°$ | $\alpha = 75°$

$A_S \approx 157{,}08\,\text{m}^2$ | $A_S \approx 11{,}30\,\text{m}^2$ | $A_S \approx 12{,}83\,\text{m}^2$ | $A_S \approx 113{,}10\,\text{m}^2$ | $A_S \approx 173{,}10\,\text{m}^2$

$b \approx 18{,}85$ m | $b \approx 31{,}42$ m | $b \approx 3{,}67$ m | $b \approx 15{,}14$ m | $b \approx 3{,}77$ m

4 Kreisausschnitte

a) Berechne jeweils die Bogenlänge und den Flächeninhalt der Kreisausschnitte.

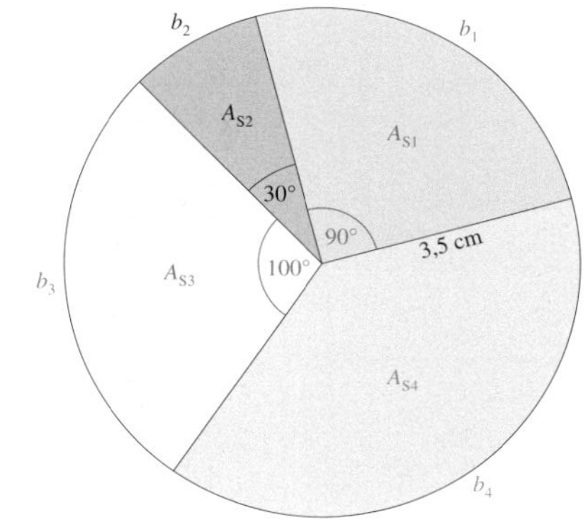

$b_1 = \frac{90°}{360°} \cdot 2\pi \cdot 3{,}5\,\text{cm} \approx 5{,}49\,\text{cm}$

$b_2 = \frac{30°}{360°} \cdot 2\pi \cdot 3{,}5\,\text{cm} \approx 1{,}83\,\text{cm}$

$b_3 = \frac{100°}{360°} \cdot 2\pi \cdot 3{,}5\,\text{cm} \approx 6{,}11\,\text{cm}$

$b_4 = \frac{140°}{360°} \cdot 2\pi \cdot 3{,}5\,\text{cm} \approx 8{,}55\,\text{cm}$

$A_{S1} = \frac{90°}{360°} \cdot \pi \cdot (3{,}5\,\text{cm})^2 \approx 9{,}62\,\text{cm}^2$

$A_{S2} = \frac{30°}{360°} \cdot \pi \cdot (3{,}5\,\text{cm})^2 \approx 3{,}21\,\text{cm}^2$

$A_{S3} = \frac{100°}{360°} \cdot \pi \cdot (3{,}5\,\text{cm})^2 \approx 10{,}69\,\text{cm}^2$

$A_{S4} = \frac{140°}{360°} \cdot \pi \cdot (3{,}5\,\text{cm})^2 \approx 14{,}97\,\text{cm}^2$

b) Berechne den Flächeninhalt und den Umfang des Kreises.
Überprüfe damit, ob deine Ergebnisse bei Teilaufgabe **a** stimmen können. Addiere sie.

$2\pi r = 2\pi \cdot 3{,}5\,\text{cm} \approx 22\,\text{cm}$ — $5{,}49\,\text{cm} + 1{,}83\,\text{cm} + 6{,}11\,\text{cm} + 8{,}55\,\text{cm} \approx 22\,\text{cm}$

$\pi \cdot r^2 = \pi \cdot (3{,}5\,\text{cm})^2 \approx 38{,}5\,\text{cm}^2$ — $9{,}62\,\text{cm}^2 + 3{,}21\,\text{cm}^2 + 10{,}69\,\text{cm}^2 + 14{,}97\,\text{cm}^2 \approx 38{,}5\,\text{cm}^2$

Schlussfolgerung: Die Ergebnisse bei Teilaufgabe a stimmen vermutlich.

Anwenden und Vernetzen

5 Christoph warf drei Pfeile.

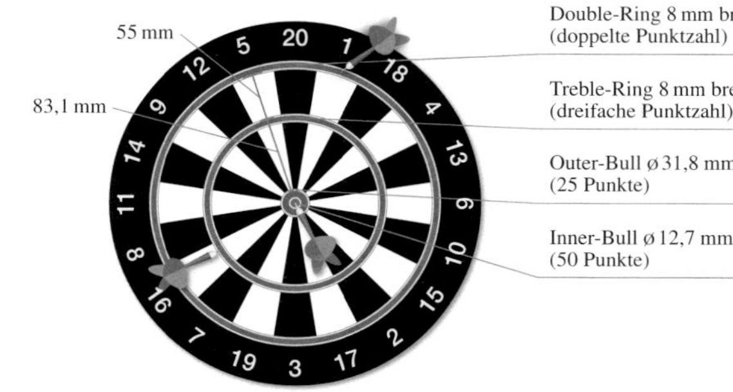

a) Ermittle die erreichte Punktzahl.

$1 \cdot 2 + 16 \cdot 3 + 50 = 100$

Er erreichte 100 Punkte.

b) Ermittle die Flächeninhalte der getroffenen Felder.
Runde auf volle Quadratmillimeter.
Zusatzaufgabe: Prüfe, ob die Punktzahl etwa proportional zur Flächengröße ist. Nein.

z. B.

„1“: $\frac{1}{20} \cdot [(\pi \cdot (176{,}35\,\text{mm})^2 - (\pi \cdot (168{,}35\,\text{mm})^2)] \approx 433\,\text{mm}^2$

„16“: $\frac{1}{20} \cdot [(\pi \cdot (113{,}35\,\text{mm})^2 - (\pi \cdot (105{,}35\,\text{mm})^2)] \approx 275\,\text{mm}^2$

„50“: $\pi \cdot (12{,}7\,\text{mm} : 2)^2 \approx 127\,\text{mm}^2$

6 Berechne den Mittelpunktswinkel und den Flächeninhalt eines Kreisausschnittes mit einem Radius von 8 cm und einer Bogenlänge von 15 cm.

Der Mittelpunktswinkel ist rund 107,43° groß. (Der Umfang beträgt rund 50,27 cm.)

Der Flächeninhalt beträgt rund 60 cm².

Zylinder erkennen und zeichnen

▶ Grundwissen

- Gerade Zylinder sind Körper mit einem Kreis als Grund- und Deckfläche. Grund- und Deckfläche sind zueinander parallel und kongruent.
- Die Seitenfläche ist gekrümmt und ergibt abgerollt ein Rechteck.
- Der Abstand zwischen Grund- und Deckfläche ist die Höhe des Zylinders.

Beispiel: Schrägbilder verschiedener Zylinder

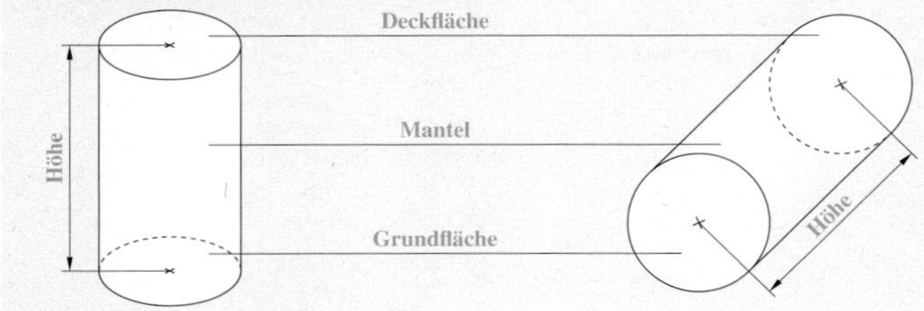

▶ Auftrag: Ergänze die Fachbegriffe.

Trainieren

1 Teile mit der Form eines Zylinders

a) Wie viele zylinderförmige Holzteile wurden anscheinend verbaut? 10

b) Wie viele Grund- bzw. Deckflächen zylinderförmiger Holzteile sind ganz oder teilweise auf dem Foto zu sehen? 3

c) Das Flugzeug ist ca. 15 cm lang. Welches zylinderförmige Teil ist etwa 5 mm hoch? ein Rad

d) Woran erkennt man, dass der Flugzeugrumpf kein Zylinder ist?
z. B.
Der Durchmesser ist vorn anders als hinten am Flugzeugrumpf.

2 Zylinder im Alltag

a) Kreuze alle Gegenstände an, die oft die Form eines Zylinders haben.

☒ geschlossene Konservendose ☒ neuer, nicht angespitzter Bleistift ☐ Kugelschreiber
☒ Säulen an alten Gebäuden ☒ Besenstiel ☐ Milchverpackung

b) Nenne fünf zylinderförmige Gegenstände aus deiner Umgebung.

individuelle Lösung

3 Ein zylinderförmiger Körper wurde von oben fotografiert (in der Draufsicht). Was kann auf dem Foto zu sehen sein? Kreuze an.

☒ Kreis ☐ Dreieck ☒ Viereck ☐ Fünfeck ☒ Rechteck ☒ Quadrat

4 Ergänze zu Schrägbildern von gleich großen Kreidestücken und gib deren Maße an.
Hinweis: Zeichne die passenden Kreise wie im Grundwissen.

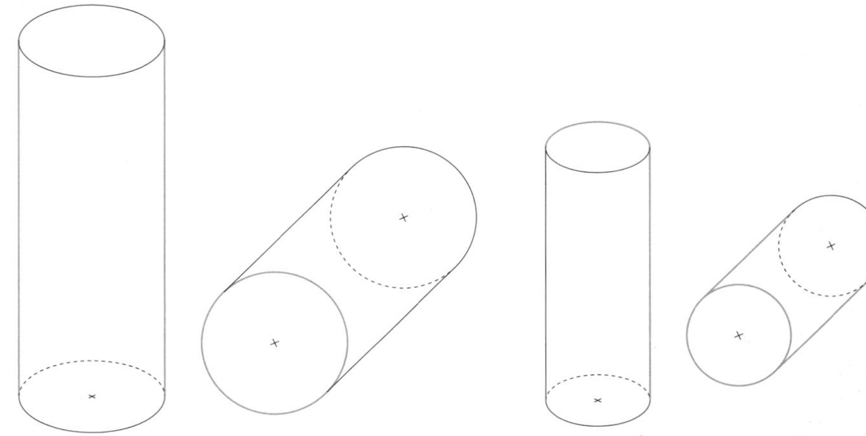

Höhe des Zylinders: 7 cm
Radius der Grundfläche: 1,4 cm

Höhe des Zylinders: 5 cm
Radius der Grundfläche: 1 cm

Anwenden und Vernetzen

5 Von mehreren Grundformen von Körpern wurden die Sicht von oben (Draufsicht) und die von der Seite (Seitenansicht) im Maßstab 1 : 1 abgebildet. Abbildungen mit der gleichen Nummer gehören zum gleichen Körper.

Draufsichten

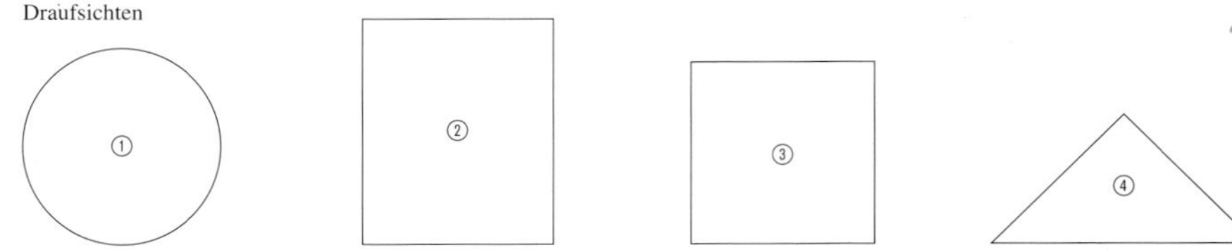

Seitenansichten

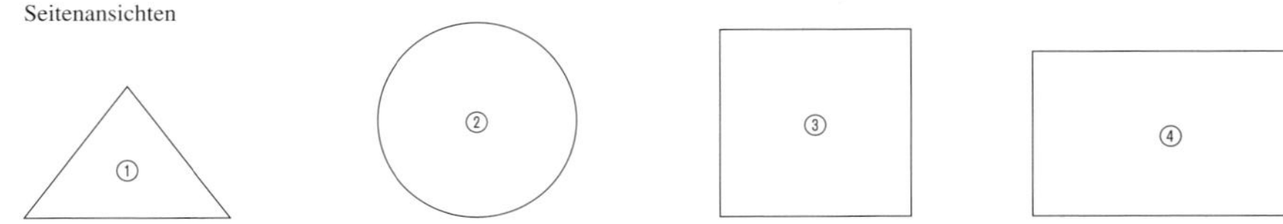

①	②	③	④
Kegel	Zylinder	Würfel; Quader; Prisma	Prisma

a) Ergänze die Namen der Grundformen.
Zusatzaufgabe: Gib, wenn möglich, mehrere passende Bezeichnungen an.

b) Zeichne rechts ein Schrägbild vom Körper ②.

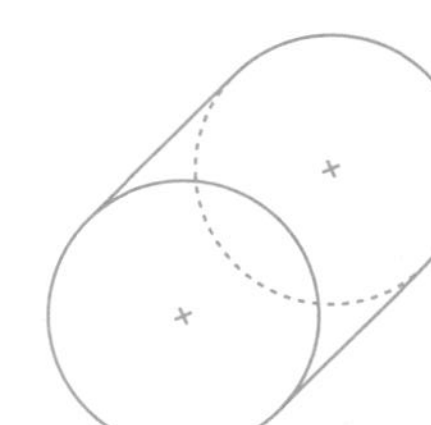

Oberflächeninhalt von Zylindern

▶ Grundwissen

- Für dem Oberflächeninhalt O gilt:

$O = 2G_Z + M_Z = 2 \cdot r^2 \cdot \pi + 2 \cdot r \cdot \pi \cdot h$

$G = r^2 \cdot \pi$

$M = 2 \cdot r \cdot \pi \cdot h$

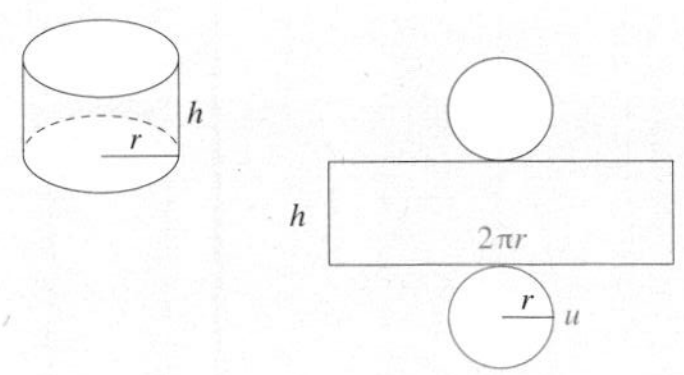

▶ Auftrag: Ergänze die Formeln.

Trainieren

1 Netz und Oberflächeninhalt eines Zylinders

a) Vervollständige das Netz des abgebildeten Zylinders im Maßstab 1 : 100.

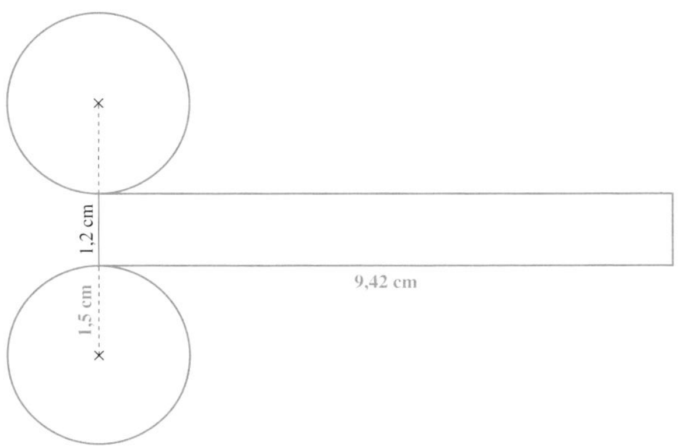

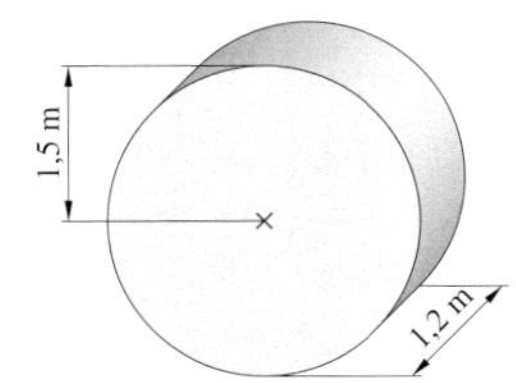

b) Gib den Flächeninhalt einer Grundfläche, der Mantelfläche und der Oberfläche des Zylinders an.

$G = r^2 \cdot \pi = (1{,}5\ \text{m})^2 \cdot \pi \approx 7{,}07\ \text{m}^2$

$M = 2 \cdot \pi \cdot r \cdot h = 2 \cdot 1{,}5\ \text{m} \cdot \pi \cdot 1{,}2\ \text{m} \approx 11{,}31\ \text{m}^2$

$O = 2G_Z + M_Z = 2 \cdot 7{,}07\ \text{m}^2 + 11{,}31\ \text{m}^2 = 25{,}45\ \text{m}^2$

2 Vervollständige die Tabelle.

Radius	Durchmesser	Flächeninhalt der Grundfläche	Höhe	Flächeninhalt der Mantelfläche	Flächeninhalt der Oberfläche
17 cm	34 cm	907,92 cm²	5,5 cm	587,48 cm²	2 403,32 cm²
1,2 m	2,4 m	4,52 m²	70 cm	5,28 m²	14,32 m²
0,3 cm	0,6 cm	0,28 cm²	5,6 m	1 055,58 cm²	1 056,14 cm²
74 mm	148 mm	17 203,36 mm²	12 mm	5 579,47 mm²	39 986,19 mm²

3 Grundflächen und Mantelflächen

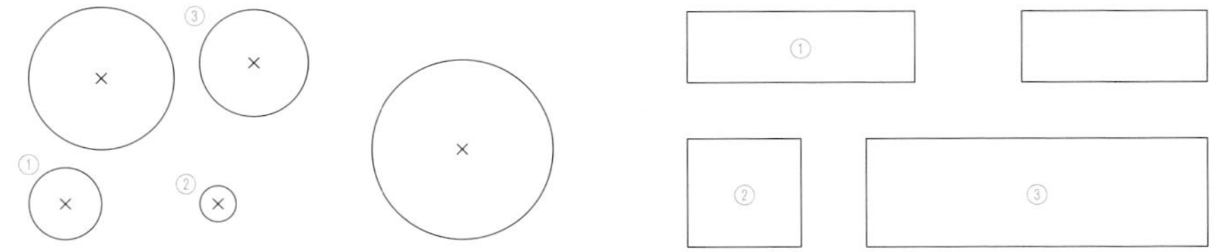

a) Zu welchen drei Grundflächen von Zylindern sind passende Mantelflächen abgebildet?

b) Berechne die Oberflächeninhalte der Zylinder aus Teilaufgabe **a**.
Runde die Endergebnisse auf volle Quadratzentimeter.

Zylinder ①: $O = 2 \cdot \pi \cdot (0{,}5\ \text{cm})^2 + 2 \cdot \pi \cdot 0{,}5\ \text{cm} \cdot 1\ \text{cm} \approx 4{,}71\ \text{cm}^2 \approx 5\ \text{cm}^2$

Zylinder ②: $O = 2 \cdot \pi \cdot (0{,}25\ \text{cm})^2 + 2 \cdot \pi \cdot 0{,}25\ \text{cm} \cdot 1{,}5\ \text{cm} \approx 2{,}75\ \text{cm}^2 \approx 3\ \text{cm}^2$

Zylinder ③: $O = 2 \cdot \pi \cdot (0{,}75\ \text{cm})^2 + 2 \cdot \pi \cdot 0{,}75\ \text{cm} \cdot 1\ \text{cm} \approx 10{,}60\ \text{cm}^2 \approx 11\ \text{cm}^2$

c) Zu zwei Grundflächen passt keine der Mantelflächen.
Wie lang müsste das übrig gebliebene Rechteck sein, damit es die zugehörige Mantelfläche ist?

Rund 6,28 cm bzw. 7,85 cm müsste die Mantelfläche des Zylinders lang sein.

Anwenden und Vernetzen

4 Eine Litfaßsäule hat einen Durchmesser von 1,2 m. Ihre Klebefläche ist 3 m hoch.
Wie viele bedruckte DIN-A4-Blätter könnten darauf geklebt werden, ohne dass deren Inhalte verdeckt sind?
Hinweis: Jede Seite des Arbeitsheftes hat DIN-A4-Format.

Flächeninhalt eines DIN-A4-Blattes: $21{,}0\ \text{cm} \cdot 29{,}7\ \text{cm} = 623{,}7\ \text{cm}^2$

Flächeninhalt der Klebefläche: $2\pi \cdot 60\ \text{cm} \cdot 300\ \text{cm} \approx 113\,097{,}34\ \text{cm}^2$

$113\,097{,}34\ \text{cm}^2 : 623{,}7\ \text{cm}^2 \approx 181{,}33$

Rund 180 DIN-A4-Blätter könnten darauf geklebt werden, ohne dass deren Inhalte verdeckt sind.

5 Um einen Zylinder wurde in zwei vollständigen Umläufen eine Schnur gewunden.
Er hat eine Höhe von $h = 3$ m und einen Durchmesser von $d = 50$ cm.
Im Bild sind der Zylinder und sein abgewickelter Mantel skizziert.

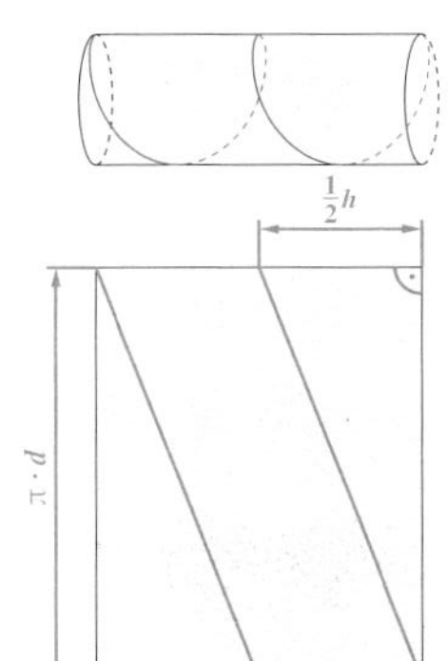

a) Gib den Oberflächeninhalt des Zylinders an.

$O = 2 \cdot \pi \cdot r^2 + 2\pi r \cdot h = 2 \cdot \pi \cdot (0{,}25\ \text{m})^2 + 2\pi \cdot 0{,}25\ \text{m} \cdot 3\ \text{m} \approx 5{,}11\ \text{m}^2$

Der Oberflächeninhalt des Zylinders beträgt rund 5,11 m².

b) Zeichne den Verlauf der Schnur in den abgewickelten Zylindermantel ein.

c) Kreuze die Länge der Schnur an.

☐ ca. 3 m ☒ ca. 4 m ☐ ca. 5 m ☐ ca. 6 m

Volumen von Zylindern

▶ Grundwissen

Das Volumen V eines Zylinders ist das Produkt des Flächeninhalts der Grundfläche G und der Körperhöhe h_k.

$V = G \cdot h_k$ $\quad G = \pi \cdot r^2$

Beispiel: $V = 3{,}5\ cm^2 \cdot 2{,}5\ cm = 8{,}75\ cm^3$

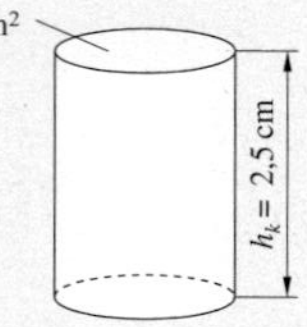

▶ Auftrag: Ergänze das Beispiel.

Trainieren

1 Abgebildet sind Grundflächen von 4 cm hohen Zylindern.
Ermittle jeweils den Flächeninhalt der Grundflächen G und das Volumen V.

a) 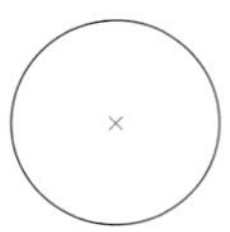

$G \approx 3{,}1\ cm^2$

$V \approx 12{,}6\ cm^3$

b) 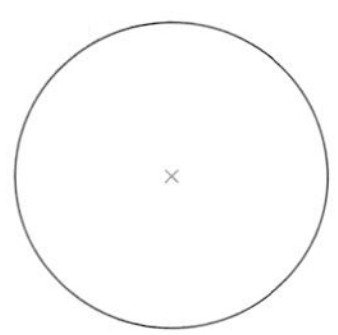

$G \approx 7{,}1\ cm^2$

$V \approx 28{,}3\ cm^3$

c) 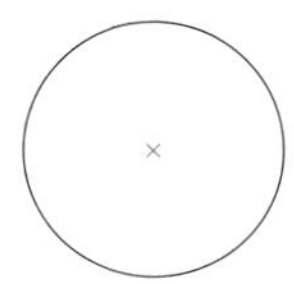

$G \approx 4{,}9\ cm^2$

$V \approx 19{,}6\ cm^3$

Ergebnisse zum Abstreichen:
3,1
4,9
7,1
12,6
19,6
28,3
13,7

2 Ergänze die Tabelle für Zylinder.

Radius	Durchmesser	Grundfläche	Höhe	Volumen
5 cm	10 cm	78,54 cm²	8 cm	628,32 cm³
2,5 mm	5 mm	19,63 mm²	3,2 mm	62,82 mm³
6,2 m	12,4 m	120,76 m²	15,32 m	1 850,04 m³
1 dm	2 dm	3,14 dm²	3,6 dm	11,30 dm³

3 Aus einem Glas wurde mehrmals getrunken. Anfangs waren 200 ml Wasser darin (1. Bild).

a) Schätze, wie viel Wasser jeweils im Glas war.

1. Bild	2. Bild	3. Bild	4. Bild	5. Bild
200 ml	175 ml	150 ml	100 ml	50 ml

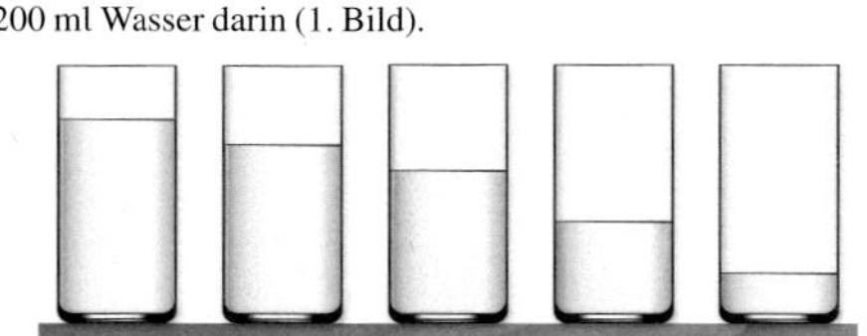

b) Gib Innenlängen von Gläsern an, die genau 200 ml fassen.
Hinweis: Prüft gegenseitig die vorgeschlagenen Möglichkeiten.
z. B.
1. Möglichkeit: $h = 10\ cm$ $\quad r \approx 2{,}5\ cm$ $\quad (G \approx 20\ cm^2)$
2. Möglichkeit: $h = 8\ cm$ $\quad r \approx 2{,}8\ cm$ $\quad (G \approx 25\ cm^2)$

4 Zwei zylinderförmige Kochtöpfe sind gleich hoch.
Der Durchmesser des zweiten Topfes ist doppelt so groß wie der des kleineren.

a) Berechne die Volumen beider Töpfe, wenn der kleinere 12 cm hoch ist und einen Durchmesser von 13 cm hat. Gib die Ergebnisse in Litern an.

kleinerer Topf: $\pi \cdot (6{,}5\ cm)^2 \cdot 12\ cm \approx 1\,600\ cm^3 \approx 1{,}6\ l$

größerer Topf: $\pi \cdot (13\ cm)^2 \cdot 12\ cm \approx 6\,400\ cm^3 \approx 6{,}4\ l$

b) Wievielmal größer ist das Volumen des größeren Topfes vermutlich?
Zusatzaufgabe: Begründe deine Vermutung.

Vermutung: 4-mal

Begründung: $V_{groß} = \pi \cdot (2r)^2 \cdot h = 4 \cdot (\pi \cdot r^2 \cdot h) = 4 \cdot V_{klein}$

5 Eine zylinderförmige Regentonne soll laut Etikett ein Fassungsvermögen von 0,5 m³ haben.
Als Höhe sind auf der Regentonne 1,10 m eingeprägt und als Durchmesser 76 cm.

a) Passt das Etikett zu der Regentonne?

$\pi \cdot (0{,}38\ m)^2 \cdot 1{,}1\ m \approx 0{,}5\ m^3$

Das Etikett passt zu der Regentonne, wenn die Innenmaße eingeprägt wurden.

b) An einem Tag wird die bis dahin leere Tonne halb voll.
Wie viel Wasser ist in der Tonne?

$0{,}5\ m^3 : 2 = 0{,}25\ m^3 = 250\ l$

Rund 0,25 m³ Wasser ist in der Tonne.

Anwenden und Vernetzen

6 Das in der Zeichnung dargestellte Werkstück wurde an der Dreh- und Fräsmaschine gefertigt.
Als Rohling wurde ein Zylinder mit einem Durchmesser von $d = 40$ mm und einer Höhe von $h = 55$ mm verwendet.

a) Berechne das Volumen V des Werkstückes.
Hinweis: Zerlege das Werkstück in drei Teilkörper.

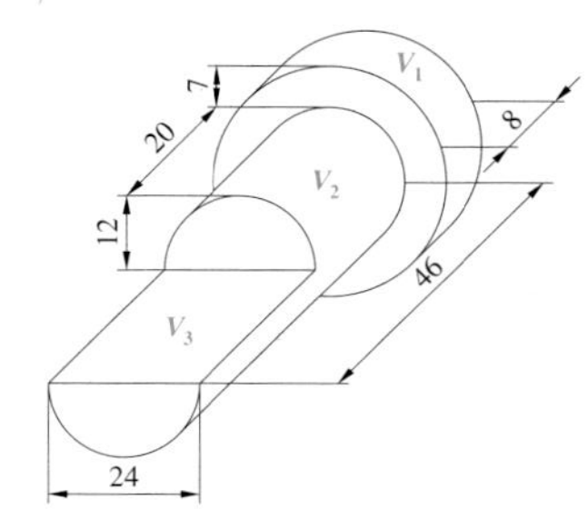

$V = V_1 + V_2 + V_3$
$V = \pi \cdot r_1^2 \cdot h_1 + \pi \cdot r_2^2 \cdot h_2 + 0{,}5 \cdot \pi \cdot r_3^2 \cdot h_3$
$V = \pi \cdot (19\ mm)^2 \cdot 8\ mm + \pi \cdot (12\ mm)^2 \cdot 20\ mm$
$\quad + 0{,}5 \cdot \pi \cdot (12\ mm)^2 \cdot 26\ mm$
$V = \pi \cdot 2\,888\ mm^3 + \pi \cdot 2\,880\ mm^3 + \pi \cdot 1\,872\ mm^3$
$V = \pi \cdot 7\,640\ mm^3 \approx 24\,001{,}77\ mm^3 \approx 24{,}00\ cm^3$

Das Werkstück hat ein Volumen von rund 24 cm³.

b) Wie viel Prozent vom Rohling (Zylinder) wurden zu Abfall?

Volumen des Rohlings: $V_R = \pi \cdot (20\ mm)^2 \cdot 55\ mm \approx 69{,}12\ cm^3$

Volumen des Abfalls: $V_A = V_R - V = 69{,}12\ cm^3 - 24{,}00\ cm^3 = 45{,}12\ cm^3$

$45{,}12\ cm^3 : 69{,}12\ cm^3 \approx 0{,}65 = 65\ \%$ $\quad$ Der Abfall beträgt etwa 65 %.

Kapitel **Lineare Gleichungssysteme**

1 Lösungen von Gleichungen mit zwei Variablen

a) Ermittle die Lösung rechnerisch und grafisch.

I $8y + 4x = 680$ $(y = -0{,}5x + 85)$
II $y = x - 5$

Einsetzungsverfahren:
$8 \cdot (x - 5) + 4x = 680$
$8x - 40 + 4x = 680$ | +40
$12x = 720$ | : 12
$x = 60$

$y = 60 - 5$
$y = 55$ Lösung: (60 | 55)

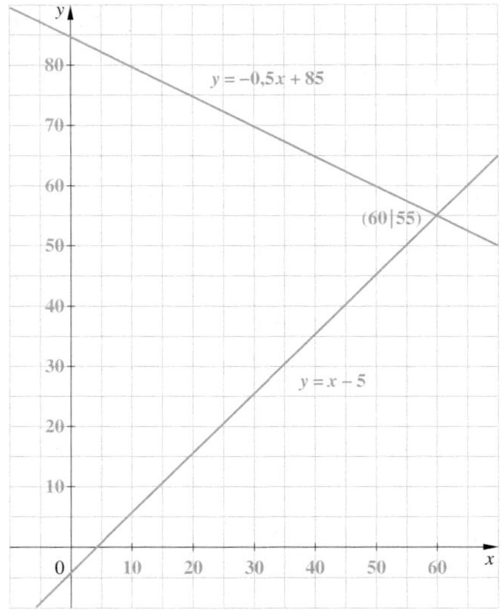

b) Kreuze die wahre Aussage an und begründe.
☐ (40 | 65) ist eine Lösung des Gleichungssystems.
☒ (40 | 35) ist eine Lösung einer der Gleichungen.
z. B.
Die Aussage ist wahr, da der Punkt (40 | 35) auf der Geraden zu $y = x - 5$ liegt. (bzw. $35 = 40 - 5$)

2 Ermittle die Lösungen.

a) I $15x = 81 - 17y$
II $15x = -3 + 11y$

b) I $2x - 3y = 1$
II $-2x + 3y = -1$

c) I $2y = 8 - x$
II $8y = x$

z. B.

Gleichsetzungsverfahren		Additionsverfahren	Einsetzungsverfahren	
$81 - 17y = -3 + 11y$	| +17y + 3	$0 = 0$	$2y = 8 - 8y$	| +8y
$84 = 28y$	| : 28	(Die Aussage ist wahr.	$10y = 8$	| : 10
$3 = y$		Es gibt demzufolge un-	$y = 0{,}8$	
		endlich viele Lösungen.)		
$15x = -3 + 11 \cdot 3$			$x = 8 \cdot 0{,}8$	
$15x = 30$	| : 15		$x = 6{,}4$	
$x = 2$				
Lösung: (2 | 3)		Lösung: $(x \mid \frac{2}{3}x - \frac{1}{3})$	Lösung: (6,4 | 0,8)	

3 Die Summe zweier Zahlen ist 99. Ihre Differenz ist 63.

a) Kreuze die passenden Gleichungssysteme an.

☒ I $x + y = 99$, II $x - y = 63$
☐ I $36 = x + y$, II $x = 99 - y$
☐ I $99 - x = x + y$, II $y - x = 36$
☒ I $99 = x + y$, II $x = 63 + y$

b) Ermittle beide Zahlen.

18 und 81 sind die gesuchten Zahlen.

$99 = (63 + y) + y$
$99 = 63 - 2y$ | −63
$-36 = -2y$ | : (−2)
$18 = y$ $x = 63 + 18 = 81$

Kapitel **Funktionen und Umkehrfunktionen – Rechnen mit Wurzeln**

1 Umkehrfunktionen linearer und quadratischer Funktionen

① $f(x) = -0{,}4x + 7$

x	0	1	3	5	17,5
y	7	6,6	5,8	5	0

② $f(x) = 0{,}4x^2$

x	0	1	2	3	4
y	0	0,4	1,6	3,6	6,4

a) Ergänze die Wertetabellen.

b) Zeichne die Graphen der Funktionen und deren Umkehrfunktionen.

c) Gib die Funktionsgleichungen der Umkehrfunktionen an.

① $f(x) = -0{,}4x + 7$ und $f^{-1}(x) = -2{,}5x + 17{,}5$

② $f(x) = 0{,}4x^2$ und $f^{-1}(x) = \sqrt{\frac{x}{0{,}4}} = \sqrt{2{,}5x}$

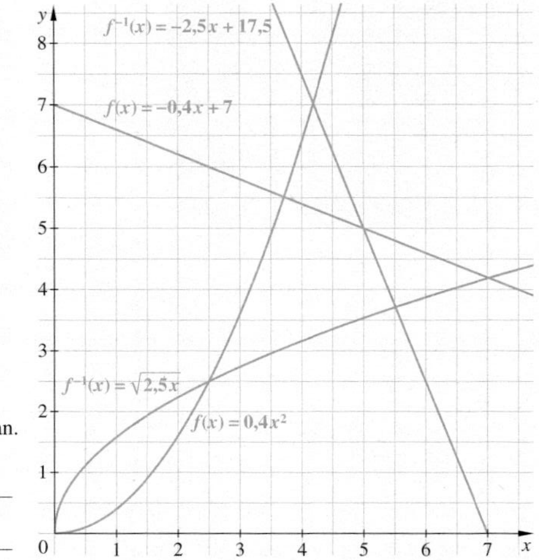

2 Ergänze die Tabelle. Nutze dabei keinen Taschenrechner.

x	16	36	64	169	900	2500	0,81	1,21	2,25
$\sqrt{x}$	4	6	8	13	30	50	0,9	1,1	1,5

3 Vereinfache.

a) $3 \cdot \sqrt{15} + 7 \cdot \sqrt{15} = 10 \cdot \sqrt{15}$

b) $9 \cdot \sqrt{0{,}81} - 3 \cdot \sqrt{0{,}81} = 6 \cdot \sqrt{0{,}81} = 6 \cdot 0{,}9 = 5{,}4$

c) $2 \cdot \sqrt{7} \cdot 0{,}4 \cdot \sqrt{7} = 0{,}8 \cdot 7 = 5{,}6$

d) $\sqrt{2} \cdot \sqrt{32} = \sqrt{64} = 8$

e) $\sqrt{50} : \sqrt{2} = \sqrt{25} = 5$

f) $\sqrt{169 \cdot 10} = 13 \cdot \sqrt{10}$

g) $\sqrt{\frac{20}{17^2}} = \frac{1}{17} \cdot \sqrt{20} = \frac{2}{17} \cdot \sqrt{5}$

h) $3 \cdot \sqrt{7} \cdot 2 \cdot \sqrt{7} = 6 \cdot 7 = 42$

4 Die Länge der Diagonalen d in einem Rechteck mit den Seiten a und b berechnet man mit der Formel $d = \sqrt{a^2 + b^2}$.

a) Zeichne ein Rechteck und prüfe, ob die Formel für dein Beispiel gilt.

z. B.

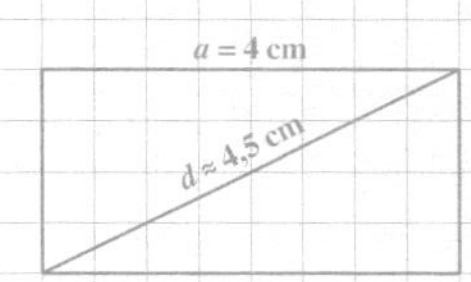

$\sqrt{(4\text{ cm})^2 + (2\text{ cm})^2} \approx 4{,}5\text{ cm}$

b) Gibt es ein Rechteck mit ganzzahligen Seitenlängen a und b, bei dem auch die Länge der Diagonalen d ganzzahlig ist?
Hinweis: Probiere es mit Seitenlängen unter 10 cm.
z. B.
Ja, Rechteck mit $a = 3$ cm, $b = 4$ cm und $d = 5$ cm $(d = \sqrt{(3\text{ cm})^2 + (4\text{ cm})^2} = \sqrt{25\text{ cm}^2} = 5\text{ cm})$.

Kapitel Ähnlichkeit

1 Kreuze die im geometrischen Sinn zueinander ähnlichen Figuren an.

☒ ☐ ☐ ☐ ☐ ☒

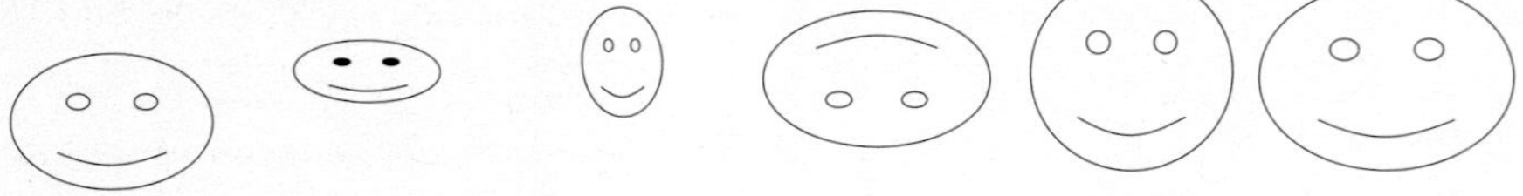

2 Das Streckungszentrum ist der Punkt Z und der Streckungsfaktor ist $k = \frac{1}{4}$.
Zeichne das entsprechende Bild der Figur.

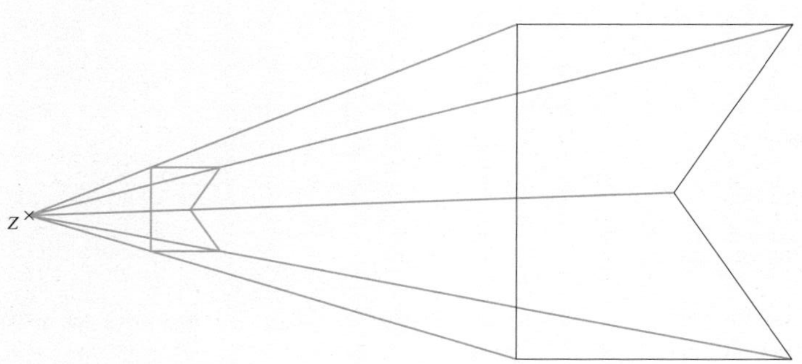

3 Berechne x und y.

$\frac{y}{2} = \frac{10}{6}$ $| \cdot 2$
$y = \frac{10}{3} \approx 3{,}\overline{3}$

$\frac{x}{\frac{10}{3}} = \frac{9}{10}$ $| \cdot \frac{10}{3}$
$x = 3$

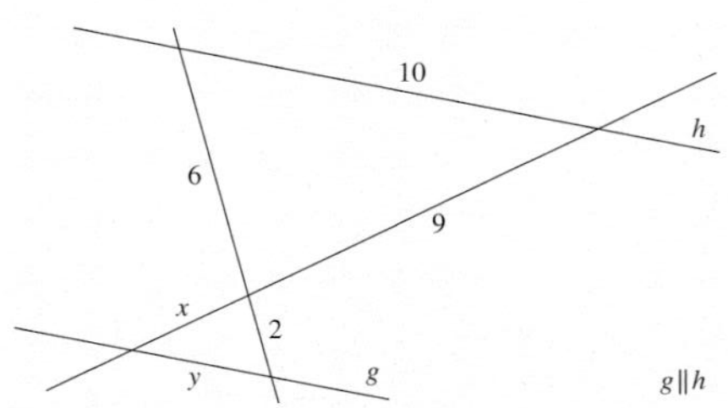

4 Die Höhe von Türmen kann mithilfe von zwei Stäben näherungsweise ermittelt werden.
Betrachte die Skizze und berechne die Höhe vom Turm.

$\frac{x}{15\,m} = \frac{40\,cm}{60\,cm}$ $| \cdot 15\,m$
$x = 10\,m$

$10\,m + 1{,}5\,m = 11{,}5\,m$

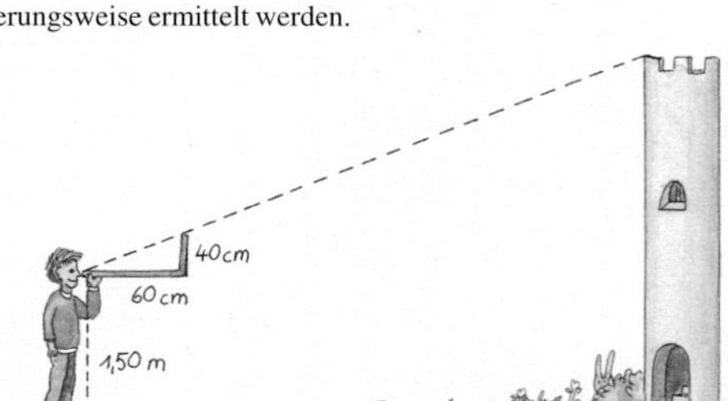

Der Turm ist etwa 11,5 m hoch.

Kapitel Der Satz des Pythagoras

1 Konstruiere ein Dreieck ABC mit
$c = 8$ cm;
$h_c = 3{,}5$ cm und
$\gamma = 90°$.
Beschrifte es.

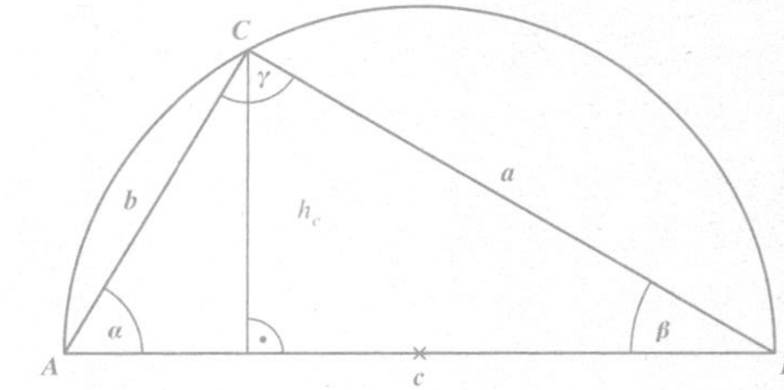

2 Dreiecke im Halbkreis

a) Kreuze die richtig aufgestelle Gleichung an.

☐ $a^2 + a^2 = b^2$

☐ $a^2 + a^2 = a^2$

☒ $(2a)^2 = a^2 + b^2$

☐ $2a^2 = a^2 + b^2$

b) Ergänze die gesuchte Winkelgröße.

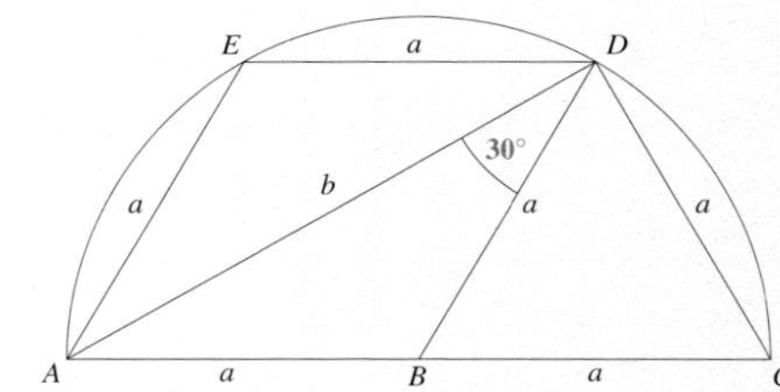

3 Ist das Dreieck mit den angegebenen Seitenlängen rechtwinklig?
Begründe deine Antwort mithilfe einer Rechnung.

a) $x = 9$ cm; $y = 15$ cm; $z = 12$ cm ☒ rechtwinklig ☐ nicht rechtwinklig

$(9\,cm)^2 + (12\,cm)^2 = 225\,cm^2$ $(15\,cm)^2 = 225\,cm^2$

b) $s = 2$ cm; $t = 3$ cm; $u = 4$ cm ☐ rechtwinklig ☒ nicht rechtwinklig

$(2\,cm)^2 + (3\,cm)^2 = 13\,cm^2$ $(4\,cm)^2 = 16\,cm^2$

c) $a = 7{,}8$ cm; $b = 2{,}2$ cm; $c = 8$ cm ☐ rechtwinklig ☒ nicht rechtwinklig

$(7{,}8\,cm)^2 + (2{,}2\,cm)^2 = 65{,}68\,cm^2$ $(8\,cm)^2 = 64\,cm^2$

4 „Rasenlatscher" sind Fußgänger, die gerne Wege abkürzen, indem sie statt auf den angelegten Wegen über den Rasen laufen.
Zwei Wege verlaufen senkrecht zueinander. 10 m vor der Kreuzung verlässt ein Fußgänger einen der Wege und kommt 12 m dahinter auf dem anderen an.
Wie viel Schritte spart der „Rasenlatscher" mit einer durchschnittlichen Schrittlänge von 75 cm?
Hinweis: Fertige eine Sizze an. individuelle Skizze

$c^2 = (12\,m)^2 + (10\,m)^2$ (Anwenden des Satzes des Pythagoras)
$c \approx 15{,}62\,m$
$12\,m + 10\,m - 15{,}62\,m = 6{,}38\,m$
$6{,}38\,m : 0{,}75\,m \approx 8{,}51$

Der „Rasenlatscher" spart 8 bis 9 Schritte.

Kapitel Zweistufige Zufallsexperimente

1 Clas versucht zwei Frösche in eine große Tasse springen zu lassen.
Die Frösche landen erfahrungsgemäß mit einer Wahrscheinlichkeit von 40 % in der Tasse.

a) Beschrifte das Baumdiagramm.

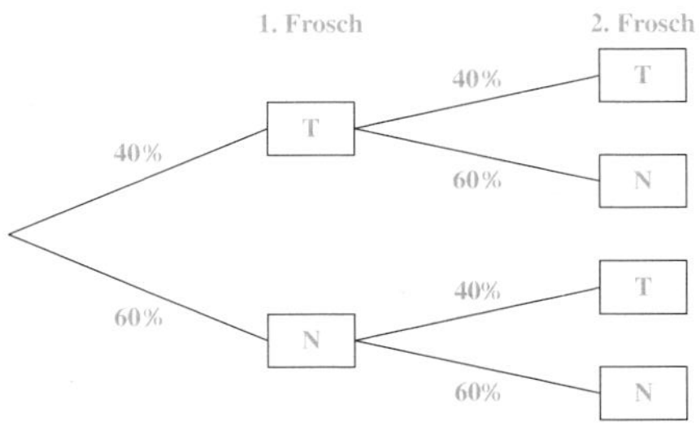

b) Mit welcher Wahrscheinlichkeit landen die beiden Frösche in der Tasse?

$0{,}4 \cdot 0{,}4 = 0{,}16 = 16\,\%$

c) Mit welcher Wahrscheinlichkeit landet mindestens ein Frosch in der Tasse?

$0{,}4 \cdot 0{,}4 + 0{,}4 \cdot 0{,}6 + 0{,}6 \cdot 0{,}4 = 0{,}64 = 64\,\%$

d) Mit welcher Wahrscheinlichkeit landet nur der zweite Frosch in der Tasse?

$0{,}6 \cdot 0{,}4 = 0{,}24 = 24\,\%$

2 Frau Chung hat Reis, Nudeln,
gebackenes Hähnchen, gebackene Ente,
Pilze mit Gemüse und Ananas mit Gemüse im Angebot.

a) Ermittle mithilfe von zwei Baumdiagrammen, wie viele Gerichte vermutlich auf der Speisekarte stehen werden.
Jedes Gericht besteht entweder aus einer einfachen Portion Reis oder Nudeln und einer oder zwei der anderen Komponenten, die dazukommen.

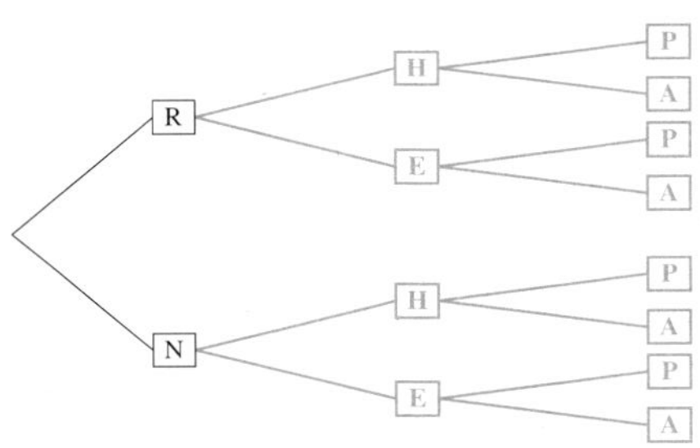

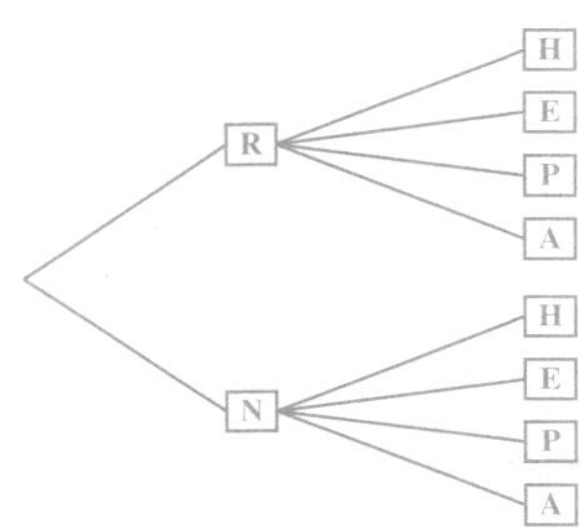

16 Gerichte stehen vermutlich auf der Speisekarte.

b) Jedes Gericht hat eine andere Nummer (1; 2; 3; 4; 5; …).
Die Nummern wurden nach dem Zufallsprinzip und ohne System vergeben.
Mit welcher Wahrscheinlichkeit ist das erste Gericht mit gebackener Ente?

$\frac{6}{16} = \frac{3}{8}$

Kapitel Kreise berechnen

1 Ergänze die fehlenden Angaben.

Münzen	Radius	Durchmesser	Umfang	Flächeninhalt
2 €	12,875 mm	25,76 mm	80,90 mm	521 mm²
1 €	11,631 mm	23,25 mm	73,08 mm	425 mm²
50 ct	1,213 cm	2,426 cm	7,62 cm	4,62 cm²

2 Ermittle jeweils Umfang und Flächeninhalt der Figuren.

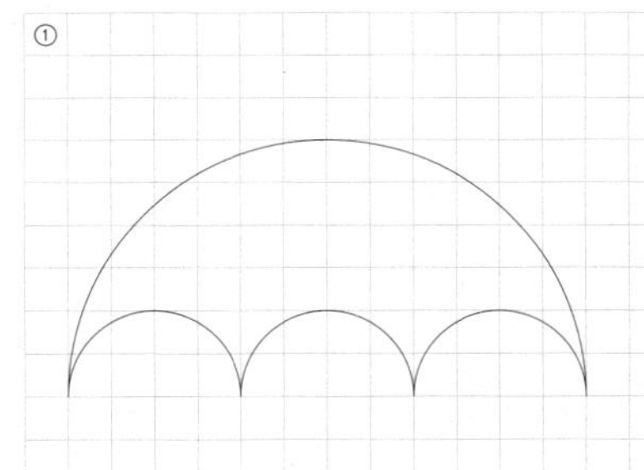

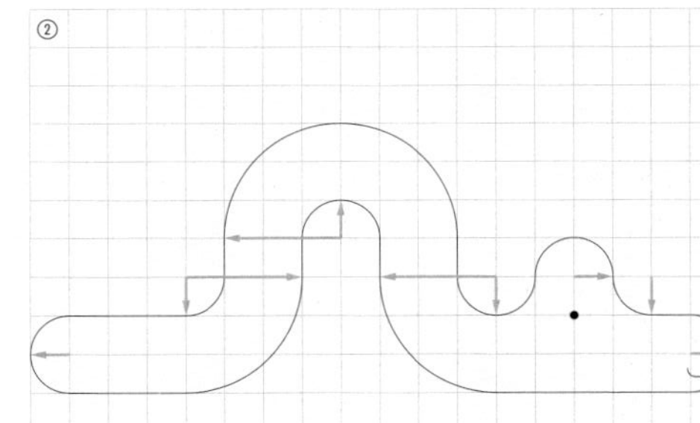

Umfang von Figur ①:

$3 \cdot \pi \cdot 2\,\text{cm} : 2 + \pi \cdot 6\,\text{cm} : 2 \approx 18{,}85\,\text{cm} \approx 19\,\text{cm}$

Flächeninhalt von Figur ①:

$\pi \cdot 3\,\text{cm} \cdot 3\,\text{cm} : 2 - 3 \cdot \pi \cdot 1\,\text{cm} \cdot 1\,\text{cm} : 2 \approx 9{,}42\,\text{cm}^2 \approx 9{,}4\,\text{cm}^2$

Umfang von Figur ②:

$\left(\frac{1}{2} + \frac{1}{4} + \frac{1}{2} + \frac{1}{2} + \frac{1}{4} + \frac{1}{2} + \frac{1}{2}\right) \cdot \pi \cdot 1\,\text{cm} + \left(\frac{1}{4} + \frac{1}{4} + \frac{1}{2}\right) \cdot \pi \cdot 3\,\text{cm} + 8\,\text{cm} \approx 27\,\text{cm}$

Flächeninhalt von Figur ②:

$\pi \cdot 1{,}5 \cdot 1{,}5\,\text{cm}^2 + 1 \cdot 1{,}5\,\text{cm}^2 + 2 \cdot 0{,}5 \cdot 1\,\text{cm}^2 + 1{,}5 \cdot 2\,\text{cm}^2 + 0{,}5 \cdot 1\,\text{cm}^2 \approx 13\,\text{cm}^2$

3 Eine Wendeltreppe besteht aus 19 Stufen, die 20 cm hoch sind. Bei einer Renovierung sollen die Trittflächen nachlackiert werden.
Ein dünner durchgehender Lichtschlauch wird nachträglich am Außenrand zur Beleuchtung angebaut.

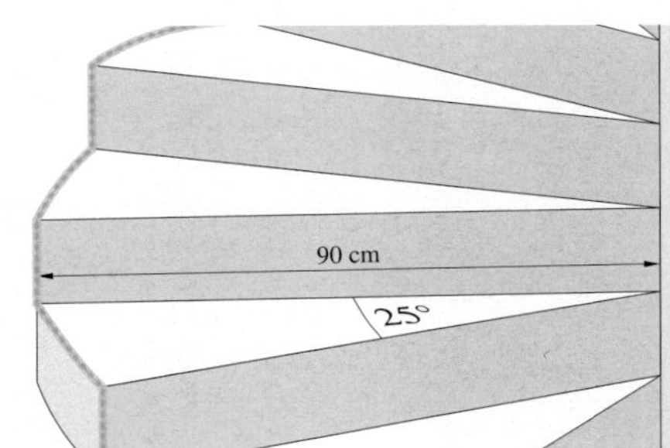

a) Wie groß ist die zu lackierende Fläche?

$19 \cdot \left(\pi \cdot (0{,}9\,\text{m})^2 \cdot \frac{25°}{360°}\right) \approx 3{,}36\,\text{m}^2$

Rund 3,36 m² sind zu lackieren.

b) Wie viel Meter Lichtschlauch werden benötigt?

$19 \cdot \left(\pi \cdot 0{,}9\,\text{m} \cdot \frac{25°}{180°} + 0{,}2\,\text{m}\right) \approx 11{,}26\,\text{m}$

Rund 11,26 m Lichtschlauch werden benötigt.

Kapitel Zylinder

1 Netz und Schrägbild von Zylindern

a) Vervollständige das Netz eines 1,5 cm hohen Zylinders.

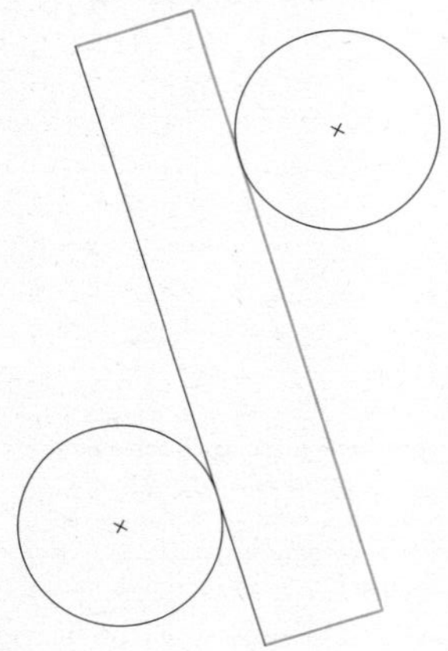

b) Vervollständige das Schrägbild eines 5 cm hohen Zylinders mit 4 cm Durchmesser.

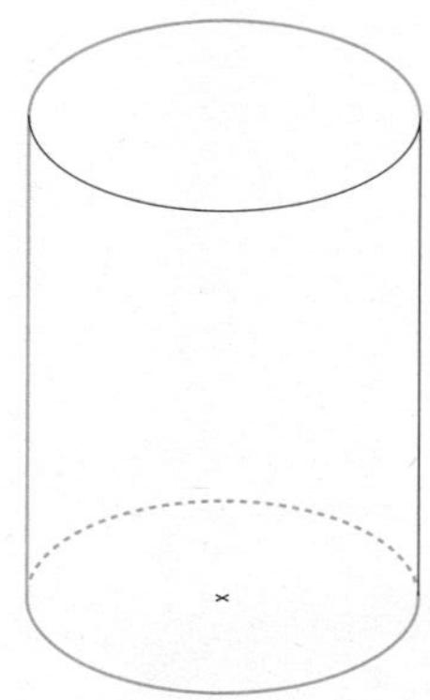

2 Nenne drei alltägliche Gegenstände, die oft die Form eines Zylinders haben.
z. B.
Bleistift; Konservendose; Münze

3 Den Mantel eines Zylinders bildet ein 10 cm langes und 20 cm breites Rechteck.

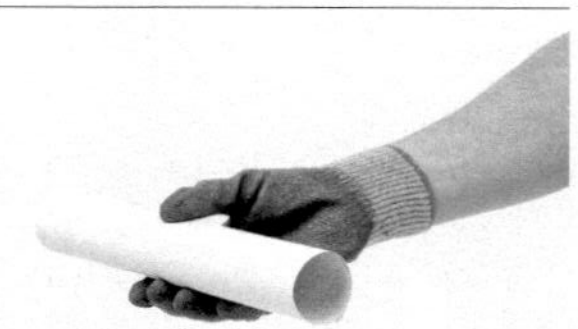

a) Wie hoch kann der Zylinder sein?

Der Zylinder kann entweder 10 cm oder 20 cm hoch sein.

b) Kreuze die möglichen Größen der Grundflächen an.

☐ $d \approx 9{,}15$ cm	$h = 20$ cm ☒ $d \approx 6{,}37$ cm	$h = 10$ cm ☒ $d \approx 3{,}18$ cm
$h = 10$ cm ☒ $G \approx 7{,}96\,\text{cm}^2$	☐ $G \approx 22{,}68\,\text{cm}^2$	$h = 20$ cm ☒ $G \approx 31{,}83\,\text{cm}^2$

c) Berechne beide möglichen Oberflächeninhalte und Volumen.
Runde die Endergebnisse auf volle Quadrat- bzw. Kubikzentimeter.

20 cm hoher Zylinder: $O = 2 \cdot 31{,}83\,\text{cm}^2 + 200\,\text{cm}^2 \approx 264\,\text{cm}^2$ $V = 31{,}83\,\text{cm}^2 \cdot 10\,\text{cm} \approx 318\,\text{cm}^3$

10 cm hoher Zylinder: $O = 2 \cdot 7{,}96\,\text{cm}^2 + 200\,\text{cm}^2 \approx 216\,\text{cm}^2$ $V = 7{,}96\,\text{cm}^2 \cdot 20\,\text{cm} \approx 159\,\text{cm}^3$

Der Oberflächeninhalt beträgt entweder 264 cm² oder 216 cm² und das Volumen entweder 318 cm³ oder 159 cm³.

d) Den Mantel wird halbiert, sodass ein halb so großes Rechteck vorliegt.
Die Grundfläche bleibt unverändert.
Überlege, wie sich dadurch der Oberflächeninhalt und das Volumen ändern.

Der Oberflächeninhalt wird um 100 cm² kleiner, denn $10\,\text{cm} \cdot 10\,\text{cm} = 5\,\text{cm} \cdot 20\,\text{cm} = 100\,\text{cm}^2$.

Das Volumen wird halbiert, denn die Grundfläche bleibt unverändert und die Körperhöhe wird halbiert ($V = G \cdot h$).

Jahrgangsstufentest

1 Zentrische Streckung mit Streckungszentrum Z

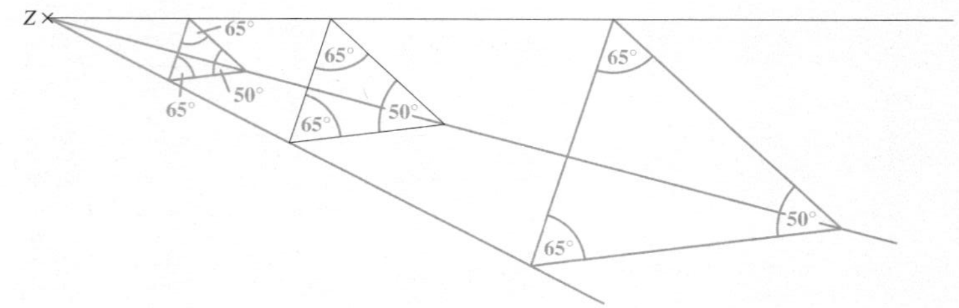

a) Zeichne mithilfe der zentrischen Streckung ein Dreieck mit doppelt so langen Seiten und ein Dreieck mit halb so langen Seiten wie beim gelben Dreieck.

b) Begründe mithilfe der Winkelgrößen, warum alle drei Dreiecke aus Teilaufgabe **a** zueinander ähnlich sind.

Sie sind zueinander ähnlich, weil alle einander entsprechenden Winkel gleich groß sind.

2 Lineare Funktionen $y = -3x - 3{,}5$ und $y = 0{,}2x + 4{,}5$

a) Zeichne die Graphen der Funktionen und ermittle die Koordinaten des Schnittpunktes.

Der Schnittpunkt hat die Koordinaten $x = -2{,}5$ und $y = 4$.

b) Zeichne die Graphen der Umkehrfunktionen ein und beschrifte sie.

c) Ergänze zuerst die Wertetabelle für $y = 0{,}4x^2$.
Skizziere danach den Graphen der Funktion und den seiner Umkehrfunktion für $x > 0$.

x	1	2	3	4	5
y	0,4	1,6	3,6	6,4	10

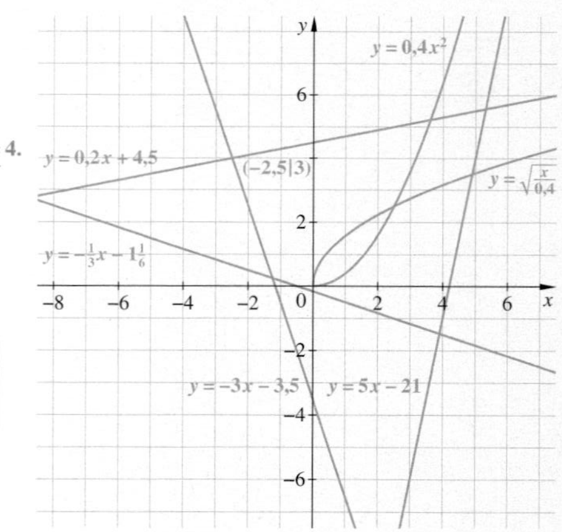

3 Ermittle die Werte ohne Taschenrechner.

a) $\sqrt{1{,}44} =$ 1,2 b) $\sqrt{2} \cdot \sqrt{32} =$ 8 c) $4\sqrt{7} + 2\sqrt{7} =$ $6\sqrt{7}$ d) $\sqrt{75} : \sqrt{3} =$ 5

4 Frau Mosch zahlt im Freibad 14,75 € Eintritt für sich und ihre beiden Kinder.
Herr Krüger zahlt für zwei Erwachsene und drei Kinder 25,30 €.
Kinder und Jugendliche bis 16 Jahre zahlen gleich viel. Ermittle den Gesamtpreis für fünf Jugendliche.

Mosch: $2x + y = 14{,}75$ ($y = 14{,}75 - 2x$)	$3x + 2 \cdot (14{,}75 - 2x) = 25{,}3$	
Krüger: $3x + 2y = 25{,}3$	$3x + 29{,}5 - 4x = 25{,}3$	
x steht für den Preis pro Kind.	$29{,}5 - x = 25{,}3$	$\vert +x$
y steht für den Preis pro Erwachsenen.	$29{,}5 = 25{,}3 + x$	$\vert -25{,}3$
	$4{,}20 = x$	
	$5 \cdot 4{,}20 = 21$	

Fünf Jugendliche zahlen zusammen 21 € Eintritt.

5 Aus der Packung werden Eier genommen. Die Auswahl ist zufällig. Genau drei der Eier sind angeschlagen.
Gib die Wahrscheinlichkeiten folgender Ereignisse in Prozent an.
Hinweis: Zeichne ein Baumdiagramm auf ein zusätzliches Blatt.

a) Das zuerst genommene Ei ist angeschlagen. $\frac{3}{30} = \frac{1}{10} = 10\,\%$

b) Das zuerst genommene Ei ist ganz. $100\,\% - 10\,\% = 90\,\%$

c) Das erste und das zweite Ei sind angeschlagen. $\frac{3}{30} \cdot \frac{2}{29} = 0{,}69\,\%$

d) Das erste oder das zweite Ei sind angeschlagen. $19{,}31\,\%$

6 Familie Krüger hat einen dünnwandigen zylinderförmigen Pool mit 3 m Durchmesser und einer Höhe von 80 cm.

a) Wie viele Quadratmeter beträgt die Stellfläche des Pools?

$\pi \cdot r^2 = \pi \cdot (1{,}5\,\text{m})^2 \approx 7{,}07\,\text{m}^2$ Rund $7\,\text{m}^2$ beträgt die Stellfläche des Pools.

b) Die seitliche Wand des Pools entsteht aus einem Rechteck. Zwei gegenüberliegende Seiten berühren einander.
Gib die Maße des Rechtecks an.

$2 \cdot \pi \cdot r = 2 \cdot \pi \cdot 1{,}5\,\text{m} \approx 9{,}42\,\text{m}$ Die Seiten sind 0,8 m und rund 9,42 m lang.

c) Wie viel Liter Wasser sind im Pool, wenn das Wasser 70 cm hoch steht?

$\pi \cdot r^2 \cdot h = \pi \cdot (15\,\text{dm})^2 \cdot 7\,\text{dm} \approx 4\,948\,\text{dm}^3 = 4\,948\,\text{l}$ Rund 4 948 l Wasser sind bei einer Höhe von 70 cm im Pool.

7 Berechne jeweils die Breite der Seen.

a)

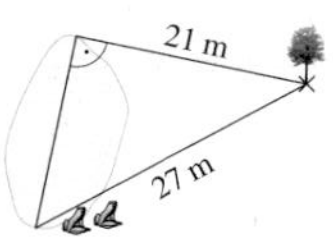

$x^2 + (21\,\text{m})^2 = (27\,\text{m})^2$

$x = \sqrt{(27\,\text{m})^2 + (21\,\text{m})^2} \approx 16{,}97\,\text{m}$

Der See ist etwa 17 m breit.

b)

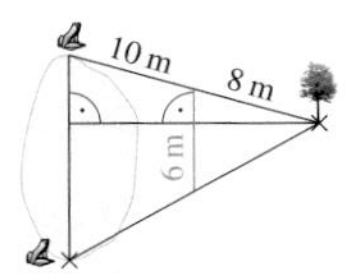

$\frac{y}{6\,\text{m}} = \frac{18\,\text{m}}{8\,\text{m}} \quad | \cdot 6\,\text{m}$

$y = \frac{18\,\text{m}}{8\,\text{m}} \cdot 6\,\text{m} = 13{,}5\,\text{m}$

Der See ist etwa 13,5 m breit.

8 Trage die Buchstaben der gesuchten Begriffe in die Kästchen ein.
Wenn alles richtig ist, ergibt sich ein Lösungswort.

1. Zwei Figuren sind zueinander …, wenn einander entsprechende Winkel gleich groß sind.
2. Ein Körper mit einer gekrümmten Seitenfläche ist ein …
3. Die Ergebnisse zweistufiger Zufallsexperimente sind geordnete …
4. Der griechische Mathematiker … lebte von 570 bis 510 v. Chr.
5. Die beiden kürzeren Seiten eines rechtwinkligen Dreiecks nennt man …
6. Durch … des Graphen einer Funktion an der Winkelhalbierenden $y = x$ erhält man den Graphen der Umkehrfunktion.
7. Den Term unter dem Wurzelzeichen nennt man …
8. Mehrstufige Zufallsexperimente können mithilfe von … veranschaulicht werden.
9. Flächen ohne Ecken sind …
10. Lösungen von Gleichungen können durch … gefunden werden.

1. Ä H N L I C H
2. Z Y L I N D E R
3. P A A R E
4. P Y T H A G O R A S
5. K A T H E T E N
6. S P I E G E L U N G
7. R A D I K A N D
8. B A U M D I A G R A M M E N
9. K R E I S E
10. P R O B I E R E N

Inhaltsverzeichnis

Lineare Gleichungssysteme

Funktionen und Umkehrfunktionen – Rechnen mit Wurzeln

Ähnlichkeit

Der Satz des Pythagoras

Zweistufige Zufallsexperimente

Kreise berechnen

Zylinder

Tests

Dieses Heft gehört:		Klasse:	

Lineare Gleichungen mit zwei Variablen

▶ Grundwissen

- Jede lineare Gleichung kann in die Form $y = mx + n$ gebracht werden.
  (x und y sind Variablen. m und n sind Zahlen.)
- Jeder Lösung $(x|y)$ einer linearen Gleichung entspricht ein Punkt auf der zugehörigen Geraden.

Beispiel: $y - 4 = -0{,}5x \quad | +4$

$y = -0{,}5x + 4$ Das Wertepaar $(0|4)$ ist eine Lösung.

x	0	2	4	6	8
y	4	3			

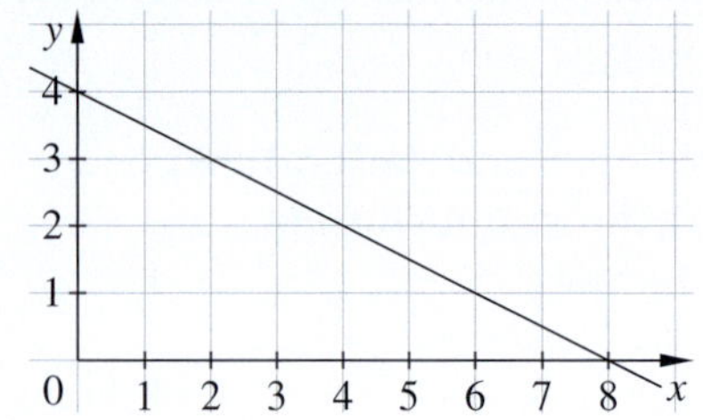

▶ Auftrag: Ergänze die Tabelle und trage die zugehörigen Punkte im Koordinatensystem ein.

Trainieren

1 Kreuze zuerst die linearen Gleichungen an.
Unterstreiche danach in den anderen Gleichungen die Terme, die nicht in linearen Gleichungen vorkommen.
Zusatzaufgabe: Forme auf einem zusätzlichen Blatt die Gleichungen nach y um.

☐ $0 = 5x + 8 - y$ ☐ $y - 8 = -3x + 7$ ☐ $y = x + x$ ☐ $y = x \cdot x$

☐ $y^3 = 5x - 7$ ☐ $\frac{1}{3}y = -7$ ☐ $y \cdot 2x = 8x + 2$ ☐ $2y - 4 = 0$

2 Ordne den linearen Gleichungen Lösungen zu. Zeichne sieben Linien ein.

$y = x + 4$ $y - 5 = 2x$ $0 = x + y$ $2y + 3x = 1$

$(1|-1)$ $(1|5)$ $(1|7)$ $(2|6)$ $(2|-2)$ $(3|-4)$ $(-5|8)$

3 Ergänze zuerst die Wertetabellen. Veranschauliche danach die Lösungen mithilfe von Geraden im Koordinatensystem.

a) $y = x + 4$

x	−6	−4	0	2	4
y	−2				

b) $y = -x - 1$

x	−6	−4	0	2	4
y					

c) $y = 2x - 4$

x	−2	0	2	4	6
y					

d) $y = -3x + 1$

x	−2	−1	0		
y				−5	−8

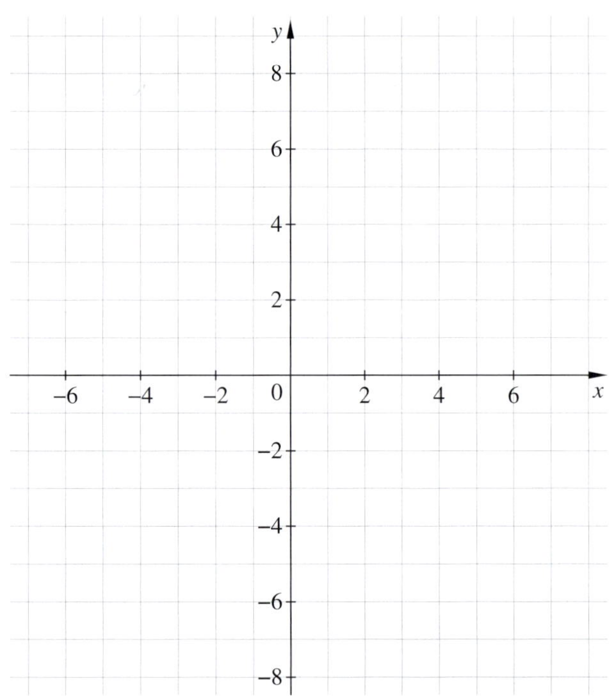

4 Forme zuerst die linearen Gleichungen nach y um.
Veranschauliche danach die Lösungen der linearen Gleichungen mithilfe von Geraden im Koordinatensystem.

a) $y+5=4x$ | ______

______

b) $y+0{,}6x=3$ | ______

______

c) $2y=-4x-8$ | ______

______

d) $2y-6=4x$ | ______

______ | ______

______

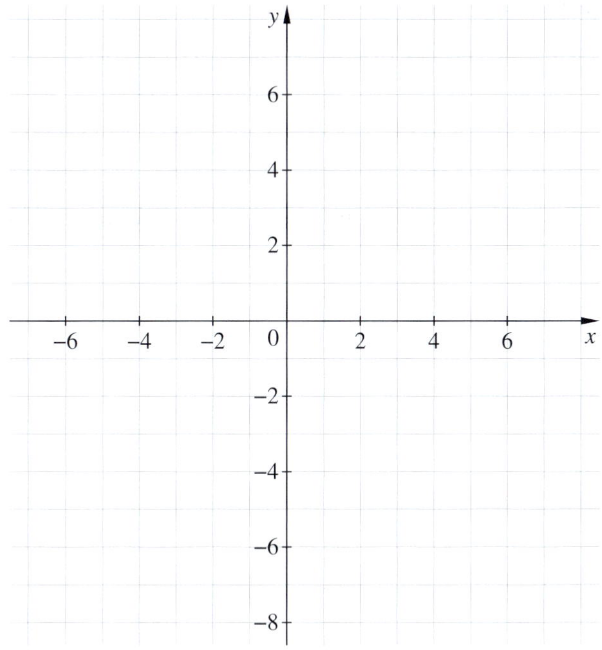

Anwenden und Vernetzen

5 Aus einem 14 cm langen Draht werden Rechtecke gebogen.

a) Gegeben ist jeweils eine Seite eines Rechtecks mit 14 cm Umfang.
Ergänze die fehlenden Seiten und benenne sie mit x bzw. y.

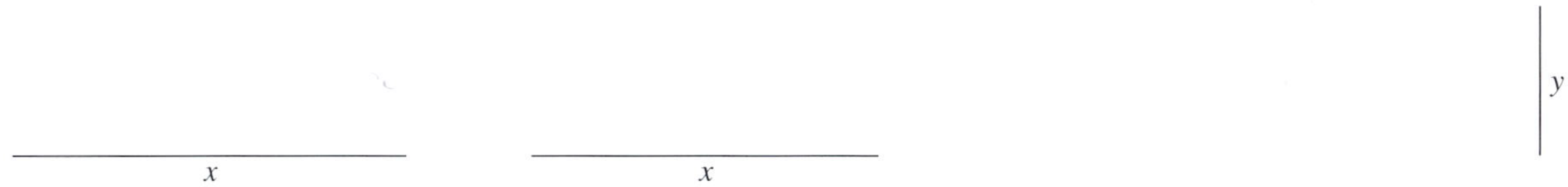

b) Gib im Koordinatensystem mit einer Linie alle möglichen Seitenlängen an.

c) Kreuze alle Lösungen an.

☐ $x=2$ und $y=5$ ☐ $x=3{,}3$ und $y=3{,}7$

☐ $x=8$ und $y=-1$ ☐ $x=0{,}6$ und $y=6{,}4$

d) Ergänze, sodass die Zahlenpaare Seitenlängen angeben.

① $x=1{,}5\,\text{cm}$ und $y=$ ______

② $x=$ ______ und $y=2{,}8\,\text{cm}$

e) Gib eine passende lineare Gleichung an.
Zusatzaufgabe: Was muss für die x-Werte gelten?

$y=$ ______ ______

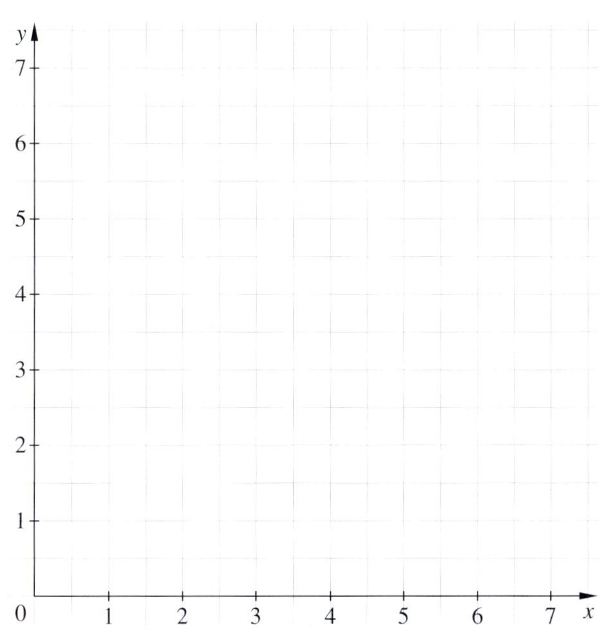

Lineare Gleichungssysteme grafisch lösen

▶ Grundwissen

- Zwei lineare Gleichungen mit zwei Variablen bilden ein lineares Gleichungssystem.
- Ein Wertepaar $(x\,|\,y)$ heißt Lösung des linearen Gleichungssystems, falls es beide Gleichungen erfüllt.
- Es gibt entweder

Genau eine Lösung oder keine Lösung oder unendlich viele Lösungen

Beispiele:

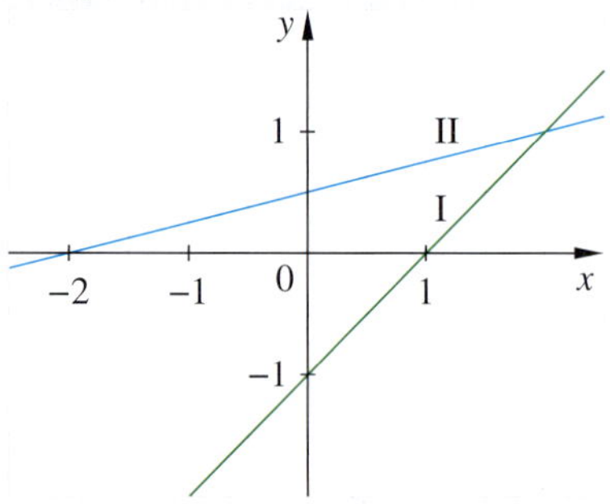

I $y = x - 1$
II $y = 0{,}25x + 0{,}5$

Lösung: $(2\,|\,1)$

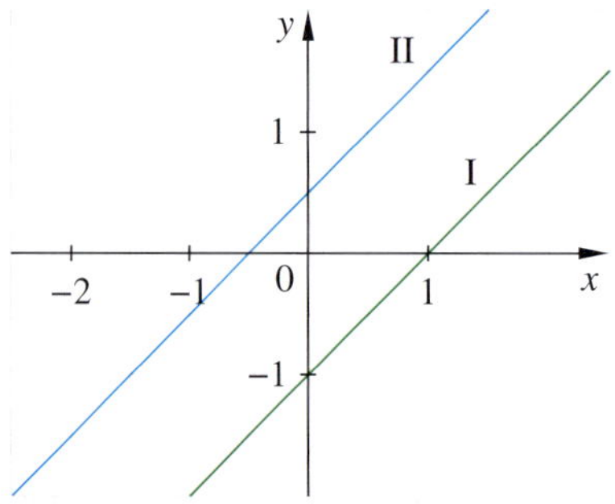

I $y = x - 1$
II $y = x + 0{,}5$

Lösung: keine

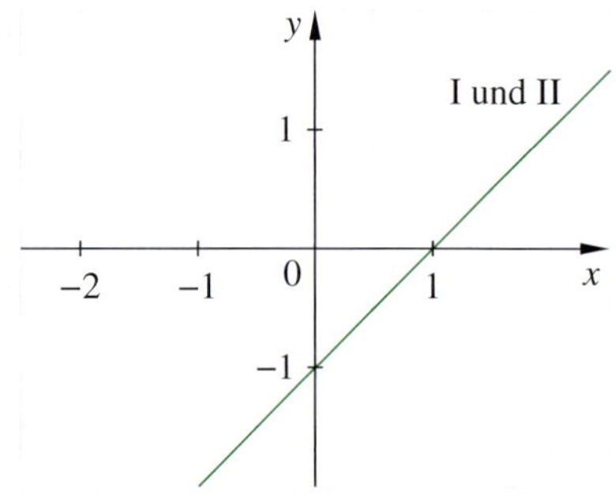

I $y = x - 1$
II $2y = 2x - 2$

Lösung: $(x\,|\,x - 1)$

▶ Auftrag: Ergänze den Text.

Trainieren

1 Lösungen linearer Gleichungen und linearer Gleichungssysteme

a) Gib jeweils zwei Wertepaare an, die Lösungen der linearen Gleichungen sind.
Stelle die Lösungen mithilfe einer Geraden im Koordinatensystem dar.

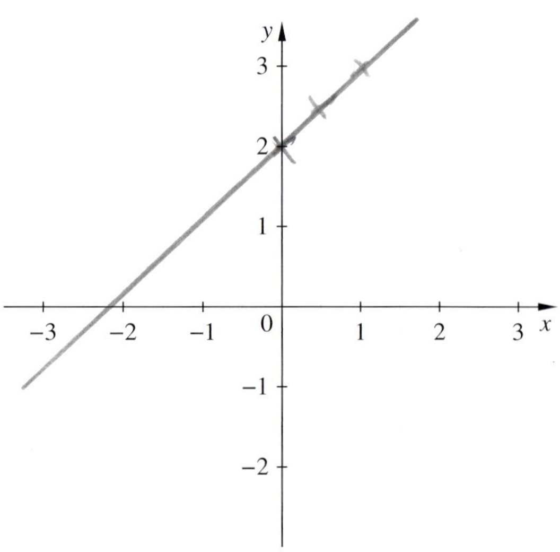

$y = x + 2$ (0/2); (-2/0)

$-1{,}5x = y$ ______

$x = -\frac{2}{3}y$ ______

$y + 1 = -\frac{1}{8}x$ ______

$y = -1{,}5x + 4{,}5$ ______

b) Schreibe unter jedes lineare Gleichungssystem dessen Lösungen.
Hinweis: Nutze, wenn möglich, die Zeichnung bei Teilaufgabe **a**.

I $y = x + 2$
II $y = -1{,}5x + 4{,}5$
Lösung: ______

I $-1{,}5x = y$
II $x = -\frac{2}{3}y$
Lösung: ______

I $y = -1{,}5x + 4{,}5$
II $x = -\frac{2}{3}y$
Lösung: ______

I $y = -1{,}5x + 4{,}5$
II $y + 1 = -\frac{1}{8}x$
Lösung: ______

c) Gegeben ist die lineare Gleichung $y = 2x - 1$. Zeichne den zugehörigen Graphen ein und gib, wenn möglich, jeweils eine Gleichung an, sodass das lineare Gleichungssystem die angegebene Anzahl an Lösungen hat.

I ______
II $y = 2x - 1$
genau eine Lösung

I ______
II $y = 2x - 1$
keine Lösung

I ______
II $y = 2x - 1$
unendlich viele Lösungen

I ______
II $y = 2x - 1$
genau drei Lösungen

2 Ermittle graphisch die Lösungen der linearen Gleichungssysteme.

a) I $y = x + 2$
II $y = -x + 4$ Lösung: ________

b) I $y = x + 2$
II $y = 0{,}4x + 5$ Lösung: ________

c) I $y = 0{,}5x + 1$
II $y = -x + 4$ Lösung: ________

d) I $y = -x + 7$
II $y = 0{,}5x + 1$ Lösung: ________

e) I $y + x = 7$
II $y - x = 2$ Lösung: ________

f) I $-x + 7 = y$
II $y + x = 4$ Lösung: ________

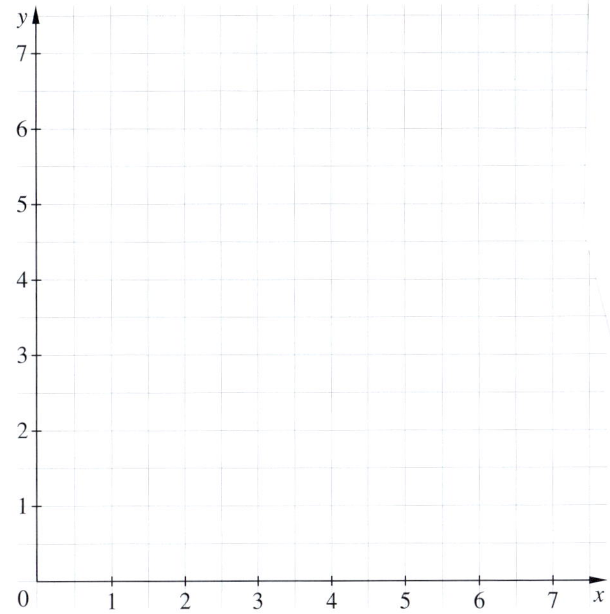

Anwenden und Vernetzen

3 Für zwei neunte Klassen einer Schule steht eine Klassenfahrt an. Einige Schülerinnen und Schüler planen die Zimmerbelegung. Die Lehrerin sagt ihnen:
„Die Jugendherberge hat insgesamt 15 Drei- und Fünfbettzimmer. Darin stehen insgesamt 55 Betten.“
Ermittle grafisch die Anzahl der Drei- und Fünfbettzimmer.
Hinweis: Stelle je eine Gleichung zur Anzahl der Zimmer und eine zur Anzahl der Betten auf.

____
____
____
____
____

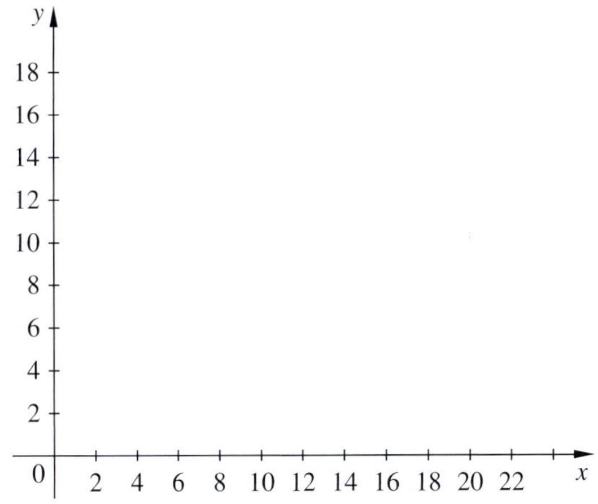

4 In einem Geldscheinzähler sind doppelt so viele 50-Euro-Scheine wie 20-Euro-Scheine. Der Gesamtwert der Scheine beträgt 600,00 Euro. Wie viele 50-Euro-Scheine und wie viele 20-Euro-Scheine sind im Geldscheinzähler?

____
____
____
____
____
____

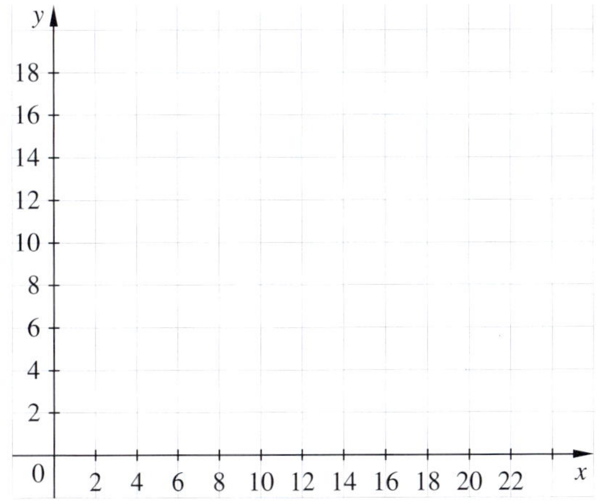

Einsetzungsverfahren

▶ Grundwissen

1. Gegebenenfalls eine Gleichung nach einer Variablen auflösen, damit das Einsetzungsverfahren angewandt werden kann.
2. Term der Gleichung, die nach einer Variable aufgelöst ist,

   ____

   ____
3. Errechnete Lösung in eine gegebene Gleichung einsetzen

   ____

Beispiel:

I $y = 5x$

II $2y = 2x + 8$

$2 \cdot 5x = 2x + 8$

$10x = 2x + 8 \quad | -2x$

$8x = 8 \quad | :8$

$x = 1$

$y = 5 \cdot 1$

$y = 5$

Lösung: $(1|5)$

▶ **Auftrag:** Betrachte das Beispiel und ergänze dementsprechend die Anweisungen.

Trainieren

1 Vervollständige die Schritte beim Lösen der Gleichungssysteme mit dem Einsetzungsverfahren.

a) I $y + x = 7$
II $y = 3x - 5$

$(\_\_\_\_) + x = 7$

$4x - 5 = 7 \quad | \_\_\_$

$4x = 12 \quad | \_\_\_$

$x = \_\_\_$

$y = 3 \cdot \_\_\_ - 5$

$y = \_\_\_$

Lösung: $(\_\_\_|\_\_\_)$

b) I $2y = 4 - x$
II $y = x - 1$

$2 \cdot (\_\_\_\_) = 4 - x$

$2x - \_\_\_ = 4 - x \quad | \_\_\_$

$3x - \_\_\_ = 4 \quad | \_\_\_$

$3x = \_\_\_ \quad | \_\_\_$

$x = \_\_\_$

$y = \_\_\_ - 1$

$y = \_\_\_$

Lösung: $(\_\_\_|\_\_\_)$

c) I $x = 3y - 23$
II $6 + 4y = 5x$

$6 + 4y = 5 \cdot (\_\_\_\_)$

$6 + 4y = \_\_\_\_ \quad | \_\_\_$

$6 = \_\_\_\_ \quad | \_\_\_$

$\_\_\_ = 11y \quad | \_\_\_$

$\_\_\_ = y$

$x = 3 \cdot \_\_\_ - 23$

$x = \_\_\_$

Lösung: $(\_\_\_|\_\_\_)$

2 Löse die Gleichungssysteme mithilfe des Einsetzungsverfahrens.

a) I $2y = 8x - 4$
II $y = 3x + 7$

b) I $y = 12x + 8$
II $0{,}5y = 2x - 2$

c) I $y = 10x - 6$
II $x = 8y - 31$

3 Stelle die Gleichungen zur Berechnung des Werts der ersten Variable auf.
Überlege dabei, welche Terme sich zum Einsetzen anbieten.
Zusatzaufgabe: Überprüfe deine Gleichungen, indem du die Lösungen auf einem zusätzlichen Blatt ermittelst.

a) I $2a = 8b + 2$
II $3a = 7 - 3b$

b) I $9c + 7d = -3$
II $2 + d = 9 - 5c$

c) I $8a + 4 = d$
II $2d = 8 + 16a$

Lösung: $(2\,|\,-3)$ | Lösung: $(a\,|\,8a + 4)$ | Lösung: – | Lösung: $(2\frac{1}{15}\,|\,\frac{4}{15})$ | Lösung: $(-8\,|\,-3)$

4 Ordne den Gleichungssystemen die Gleichungen zur Berechnung der ersten Variable zu.
Hinweis: Zeichne fünf Linien ein.

I $y = 7 + x$
II $y + x = 7$

I $2y - 4 = 7 - x$
II $2y = 4 - x$

I $2x = 5y - 23$
II $3x = 3y - 33$

I $4y - 24 = 8x - 4$
II $4x = 8y - 4$

$15y - 69 = 3y - 33$ | $(4 - x) - 4 = 7 - x$ | $2 \cdot (y - 11) = 5y - 23$ | $(7 + x) + x = 7$ | $2y - 12 = (8y - 4) - 2$

Anwenden und Vernetzen

5 Ein Rechteck hat einen Umfang von 19 m. Die eine Seite ist 5 m länger als die andere.
Wie lang sind die Seiten des Rechtecks?

6 Bei einem Handytarif ohne Grundgebühr wird zwischen Haupt- und Nebenzeit unterschieden. Eine Gesprächsminute in der Hauptzeit kostet 0,11 Euro und in der Nebenzeit 0,07 Euro. Die Monatsrechnung weist Gesprächsgebühren von 12,30 Euro und eine Gesamtdauer aller Einzelgespräche von 150 Minuten aus.
Wie lange hat der Kunde in der Hauptzeit telefoniert, wie lange in der Nebenzeit?

Gleichsetzungsverfahren

▶ Grundwissen

1. Gegebenenfalls beide Gleichungen nach derselben Variablen umformen (oder nach dem gleichen Term mit nur einer Variablen), damit das Gleichsetzungsverfahren angewandt werden kann.
2. Terme ______________________
3. Errechnete Lösung in eine gegebene Gleichung einsetzen ______________________

Beispiel: I $y = 6x$
II $y = 5x + 5$

$6x = 5x + 5 \quad | -5x$
$x = 5$

$y = 6 \cdot 5$
$y = 30$

Lösung: $(5 | 30)$

▶ Auftrag: Betrachte das Beispiel und ergänze dementsprechend die Anweisungen.

Trainieren

1 Stelle jeweils beide Gleichungen nach der im Stern angegebenen Variablen um.
Hinweis: Nutze gegebenenfalls ein zusätzliches Blatt zum Umstellen der Gleichungen.

a) I $y + x = 7$; II $y - x = 5$ (Stern: y)
I ______ II ______

b) I $2y = 4 - x$; II $y + 5 = x$ (Stern: y)
I ______ II ______

c) I $30x = 10y - 40$; II $5 + 5y = 20x$ (Stern: y)
I ______ II ______

d) I $y + x = 7$; II $8 + x = 3y$ (Stern: x)
I ______ II ______

e) I $21y = 14 - 7x$; II $y + 2 = x - 1$ (Stern: x)
I ______ II ______

f) I $9x = 63y - 81$; II $6 + 4y = 5x - 3$ (Stern: x)
I ______ II ______

2 Löse die Gleichungssysteme mithilfe des Gleichsetzungsverfahrens.

a) I $y = 4x - 2$; II $y = 3x + 7$

b) I $5x + 7 = y$; II $y = 2x - 2$

c) I $2x = 10y - 6$; II $x = 8y + 3$

3 Markiere den Fehler.

I $7y - 1 = 2x$
II $6y + 4 = 2x$

$7y - 1 = 6y + 4 \quad | -6y$
$y - 1 = 4 \quad | +1$
$y = 5$

Lösung: $(5 | 12)$

4 Stelle die Gleichungen zur Berechnung des Werts der ersten Variablen auf.
Überlege dabei, welche Terme sich zum Gleichsetzen anbieten.
Hinweis: Forme gegebenenfalls eine der Gleichungen im Kopf um.

a) I $a:4=7b+2$
II $a:4=7-3b$

b) I $9c+7=d$
II $d=8-0{,}3c-2$

c) I $2e=8f-6$
II $2e=8f+36$

d) I $7h=4g-2$
II $4g=4h+7$

e) I $5i+7=k$
II $5k=2i-2$

f) I $2l=10m-6$
II $8m=8l+8$

5 Maja behauptet, das Gleichungssystem hat keine Lösung.
Hat sie recht? Begründe deine Meinung.

I $7a+4=5d$
II $5d=5+7a$

Anwenden und Vernetzen

6 Zwei Internet-Anbieter werben um Neukunden.

a) Für wie viele Stunden monatliche Nutzungsdauer sind die Angebote etwa gleich teuer?

TURBOSURF
nur 0,9 Cent/min*
*zzgl. Grundgebühr 4,99 €/Monat

neu bei
DreamNet
Flatrate in alle Netze für **9 €/Monat**

b) Veranschauliche beide Tarife.
Kennzeichne den Bereich, in dem der Tarif DreamNet günstiger ist, und den Bereich, in dem Turbosurf besser abschneidet.

c) Verändere eines der beiden Angebote so, dass die Tarife bei einer Nutzungsdauer von 20 Stunden gleich teuer sind.
Zusatzaufgabe: Überprüft und bewertet eure Vorschläge gegenseitig.

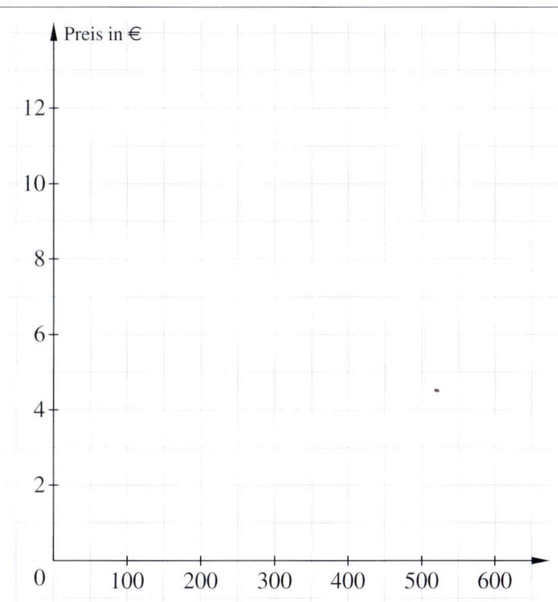

Additionsverfahren

▶ Grundwissen

1. Gegebenenfalls eine oder beide Gleichungen so umformen, dass beim Addieren eine der Variablen wegfällt.
2. Addieren der jeweils links bzw. rechts stehenden Terme und

   ____
3. Errechnete Lösung in eine gegebene Gleichung einsetzen

   ____

Beispiel:
I $-3y = -4x - 7$
II $2y = 4x + 1$

$-3y + 2y = -4x - 7 + 4x + 1$
$-y = -6 \quad | \cdot (-1)$
$y = 6$

$-3 \cdot 6 = -4x - 7 \quad | +7$
$-11 = -4x \quad | : (-4)$
$2{,}75 = x$

Lösung: $(2{,}75 \,|\, 6)$

▶ **Auftrag:** Betrachte das Beispiel und ergänze dementsprechend die Anweisungen.

Trainieren

1 Ermittle durch Addieren beider Gleichungen jeweils eine Gleichung mit nur einer Variablen.
Hinweis: Unterstreiche jeweils zuerst den Term mit der Variablen, die wegfallen soll.

a) I $y + x = 17$
II $2y - x = 5$

I + II ______________

b) I $-2y = 4 - x$
II $2y + 5 = -x$

I + II ______________

c) I $30x = -5y - 40$
II $5 + 5y = 20x$

I + II ______________

2 Forme jeweils die obere Gleichung so um, dass beim Addieren eine der Variablen wegfällt.
Hinweis: Unterstreiche jeweils zuerst den Term mit der Variablen, die wegfallen soll.

a) I $y + x = 5 \quad | \cdot (-2)$
II $6 + 2x = 4y$

I′ ______________
II $6 + 2x = 4y$

I′ + II ______________

b) I $y = 14 - 7x \quad | \cdot (-1)$
II $y + 2 = x - 1$

I′ ______________
II $y + 2 = x - 1$

I′ + II ______________

c) I $2x = 12y - 13 \quad |$ ____
II $6 - 4x = 5y - 3$

I′ ______________
II $6 - 4x = 5y - 3$

I′ + II ______________

3 Stelle die Gleichungen zur Berechnung des Werts der ersten Variablen auf. Berechne sie damit.
Zusatzaufgabe: Überprüfe deine Gleichungen, indem du die Lösungen ermittelst.

a) I $2a + 7b = -68$
II $a - 5b = 51$

____
____
____
____

b) I $9c - 10{,}8 = 3d$
II $-18c + 2d = -9{,}6$

____
____
____
____

c) I $6c + 25{,}5 = 3d$
II $4d = 40{,}5 - 18c$

____
____
____
____

Lösung: $(1 \,|\, -10)$	Lösung: $(1 \,|\, 9)$	Lösung: $(0{,}25 \,|\, 9)$	Lösung: $(0{,}2 \,|\, -3)$

4 Löse die Gleichungssysteme mithilfe des Additionsverfahrens.

a) I $y = 3x - 8$
II $-2y = -3x + 7$

b) I $5x + 3y = 19$
II $2x - 3y = -5$

c) I $-2x - 10y = 0$
II $y + 2x = 9$

Anwenden und Vernetzen

5 Tom kaufte zwei gleiche Sport-Shirts und drei gleiche Paar Socken für insgesamt 75,50 €. Da ein Sport-Shirt einen Materialfehler hat, gibt er es am nächsten Tag zurück. Er nimmt bei dieser Gelegenheit noch ein Paar der gleichen Socken und erhält an der Kasse 29,00 €.
Tom hat letztendlich ein neues Shirt und vier Paar Socken. Gib den Preis eines Sport-Shirts und den Preis von einem Paar Socken an.

6 Löse die Zahlenrätsel mit einem Verfahren deiner Wahl.

a) Welche beiden Zahlen haben die Summe 16 und die Differenz 2?

b) Das Doppelte einer rationalen Zahl ist um 20 größer als die Hälfte einer zweiten.
Die erste Zahl ist um 11 kleiner als die zweite.
Welche Zahlen sind es?

Lineare Funktionen

▶ Grundwissen

- Eine Funktion der Form $y = mx + n$ (bzw. $f(x) = mx + n$) heißt lineare Funktion.
- Der Graph einer linearen Funktion ist eine Gerade.

Beispiel: Eine Ferienwohnung kostet pro Tag 50 €. Zusätzlich sind 40 € für die Endreinigung zu zahlen.

$y =$ ______ (x steht für die Anzahl der Tage. y steht für die Gesamtkosten in Euro.)

x	3	4	5	6	7
y	190	240	290		

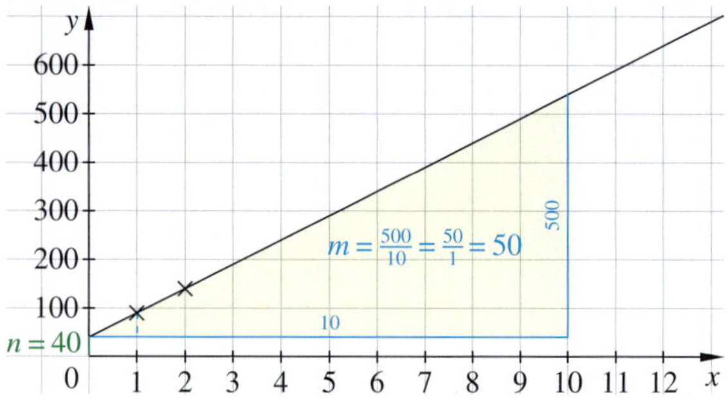

▶ **Auftrag:** Ergänze die Funktionsgleichung und die Tabelle. Trage die zugehörigen Punkte im Koordinatensystem ein.

Trainieren

1 Verschiedenartige Funktionen

① $y = x \cdot x$

x	−2	−1	0	1	2
y					

② $y = x$

x	−2	−1	0	1	2
y					

③ $y = 2x + 1{,}5$

x	−2	−1	0	1	2
y					

④ $y = 1 : x$

x	−2	−1	0	1	2
y					

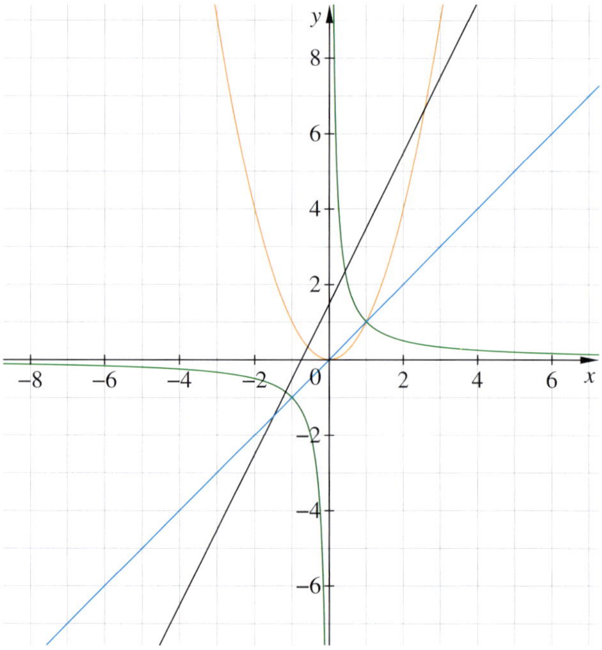

a) Ergänze die Wertetabellen.

b) Trage entsprechende Punkte im Koordinatensystem ein und ordne die passenden Graphen zu.

c) Gib die beiden linearen Funkionen an und nenne jeweils mindestens zwei ihrer Eigenschaften.

Eine lineare Funktion ist $y =$ ______

______

______

Eine lineare Funktion ist $y =$ ______

______

______

2 Lineare Funktionen mit Gemeinsamkeiten

a) Gib die Funktionsgleichungen an.
Hinweis: „$f(x)$“ steht für „y“.

① $y =$ ______

② $y =$ ______

③ $y =$ ______

④ $y =$ ______

⑤ $f(x) =$ ______

⑥ $f(x) =$ ______

⑦ $f(x) =$ ______

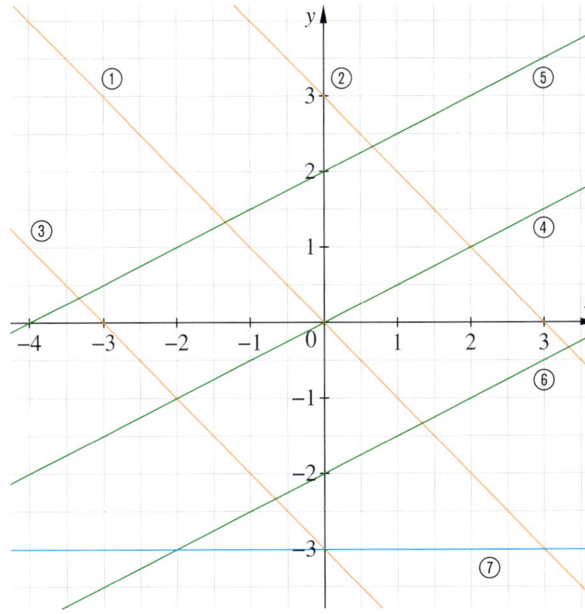

b) Der Graph einer Funktion verläuft parallel zu $f(x) = -x - 3$ und durch den Punkt $P(0\,|\,-7)$.
Gib die zugehörige Funktionsgleichung an. ______

c) Der Graph einer Funktion verläuft senkrecht zu $f(x) = -x - 3$ und durch den Punkt $P(0\,|\,3)$.
Gib die zugehörige Funktionsgleichung an. ______

Anwenden und Vernetzen

3 Helena möchte für sich und ihre Freundinnen Shirts im Internet bestellen. Jedes Shirt kostet 20 €.
Für Versand und Verpackung sind einmalig 6 € zu zahlen.

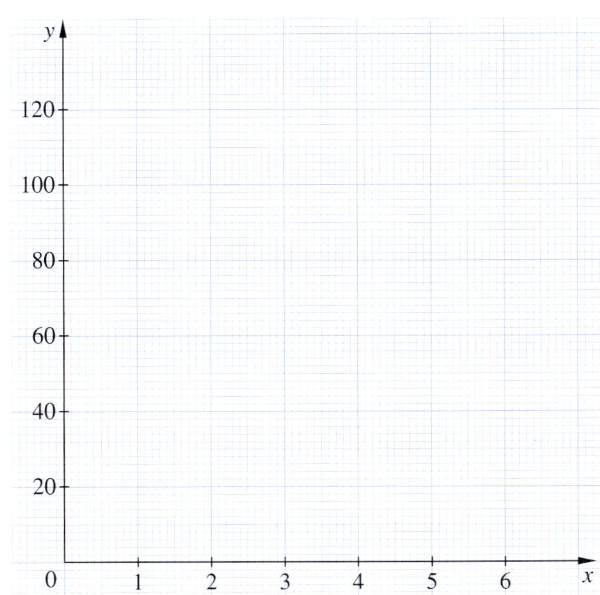

a) Ergänze die Tabellen.

Anzahl der Shirts	1	2	3	6
Gesamtkosten in €				

Anzahl der Shirts	1	2	3	6
Kosten je Shirt in €		23		

b) Trage alle entsprechenden Punkte im Koordinatensystem ein.
Was fällt auf?

______

c) Gib passende Funktionsgleichungen an.

Anzahl der Shirts → Gesamtkosten in € ______

Anzahl der Shirts → durchschnittliche Kosten je Shirt in € ______

Lineare Funktionen und ihre Umkehrung

▶ Grundwissen

- Die Umkehrfunktion einer Funktion ordnet jedem Wert aus dem Wertebereich (y-Wert) den dazu passenden Wert aus dem Definitionsbereich (x-Wert) zu.
- Spiegelt man den Graphen einer linearen Funktion ($f(x) = mx + n$) an der Winkelhalbierenden ($f(x) = x$), erhält man den Graphen der Umkehrfunktion ($f^{-1}(x) = \frac{1}{m}x - \frac{n}{m}$).

Beispiel:
Funktion: Anzahl der Kartons → Preis inklusive Lieferung
$f(x) = 2x + 4$

x	1	2	3	4	5
y					

Umkehrfunktion: Preis inklusive Lieferung → Anzahl der Kartons
$f^{-1}(x) = 0{,}5x - 2$

x					
y	1	2	3	4	5

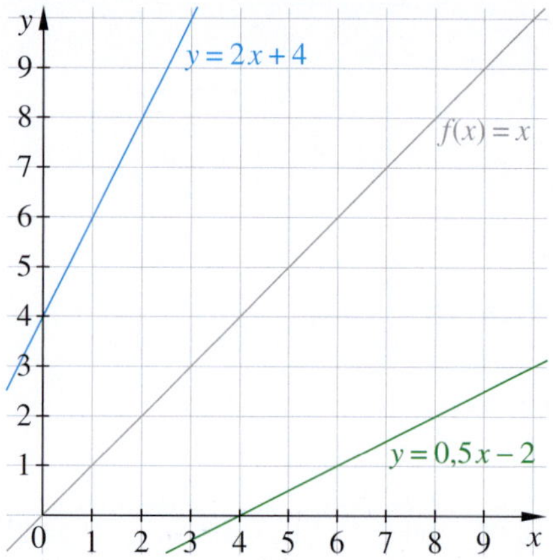

▶ Auftrag: Ergänze die Tabellen und trage je drei zugehörige Punkte im Koordinatensystem ein.

Trainieren

1 Zeichne die Graphen der Umkehrfunktionen ein und ergänze die Wertetabellen.

a) Funktion $f(x) = -2x + 5$

x	−1	0	2	4	6
y					

Umkehrfunktion $f^{-1}(x) = -0{,}5x + 2{,}5$

x					
y	−1	0	2	4	6

b) Funktion $f(x) = 0{,}5x - 1$

x	−6	−2	0	2	6
y					

Umkehrfunktion $f^{-1}(x) = 2x + 2$

x					
y	−6	−2	0	2	6

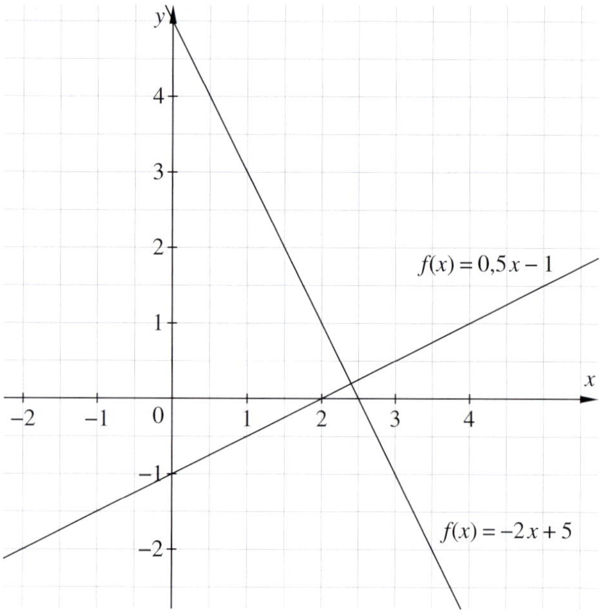

2 Gib jeweils die Gleichungen der Funktion bzw. der Umkehrfunktion an.
Zusatzaufgabe: Zeichne die zugehörigen Graphen auf einem zusätzlichen Blatt oder mit einem Funktionenplotter.

a) $f(x) = -5x + 5$
$f^{-1}(x) =$ ____________

b) $f(x) = -0{,}2x - 4$
$f^{-1}(x) =$ ____________

c) $f(x) = 2{,}5x + 7{,}5$
$f^{-1}(x) =$ ____________

d) $f(x) = -x + 7$
$f^{-1}(x) =$ ____________

e) $f^{-1}(x) = -4x + 1{,}2$
$f(x) =$ ____________

f) $f^{-1}(x) = -0{,}1x - 0{,}5$
$f(x) =$ ____________

g) $f^{-1}(x) = 0{,}25x + 1$
$f(x) =$ ____________

h) $f^{-1}(x) = -8x + 4$
$f(x) =$ ____________

3 Lineare Funktionen und ihre Umkehrfunktionen

Funktion	Umkehrfunktion
$f(x) =$	$f^{-1}(x) =$
$f(x) =$	$f^{-1}(x) =$
$f(x) =$	$f^{-1}(x) =$
$f(x) =$	$f^{-1}(x) =$
$f(x) =$	$f^{-1}(x) =$
$f(x) =$	$f^{-1}(x) =$
$f(x) =$	$f^{-1}(x) =$
$f(x) =$	$f^{-1}(x) =$

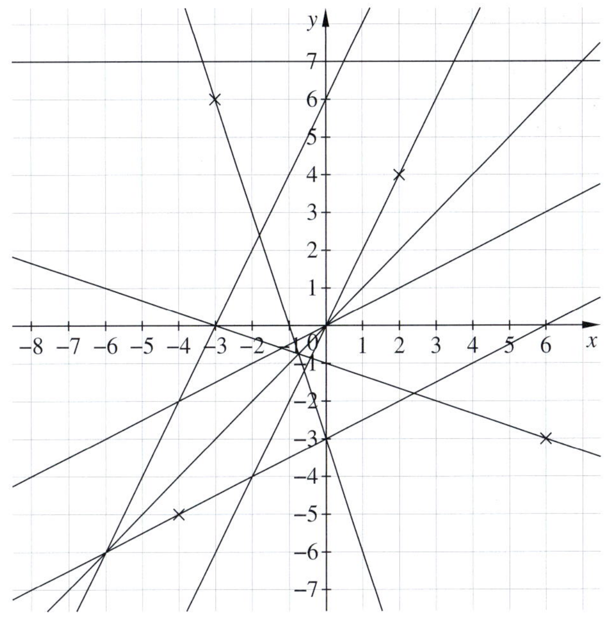

a) Ergänze die Funktionsgleichungen zu den Graphen.
Zusatzaufgabe: Überprüfe jeweils rechnerisch, ob die Funktionsgleichung der Umkehrfunktion stimmen kann.

b) Alan sagt: „Das Produkt der Steigungen muss in jeder Zeile gleich sein."
Hat er recht?
Begründe deine Meinung.

____

c) Auf vier Graphen ist ein Punkt markiert.
Gib in der Zeichnung die Koordinaten des Punktes und des entsprechenden Punktes der Umkehrfunktion an.

Anwenden und Vernetzen

4 Zuordnungen und ihre Umkehrungen

① Zuordnung: durchschnittliche Geschwindigkeit → zurückgelegter Weg

Umkehrung: ______________________________

② Zuordnung: Gesamtpreis einer Taxifahrt → Grundgebühr und gefahrene Kilometer

Umkehrung: ______________________________

③ Zuordnung: Telefonnummer → Adresse des Angerufenen

Umkehrung: ______________________________

a) Schreibe die Umkehrung jeder Zuordnung auf.
Zusatzaufgabe: Schreibe eine Sachaufgabe zu einer Zuordnung und ihre Umkehrung auf ein zusätzliches Blatt.

b) Kreuze die linearen Funktionen an. ☐ ① ☐ ② ☐ ③

c) Begründe, warum eine der Zuordnungen keine lineare Funktion ist.
Hinweis: Welche Schwierigkeiten können auftreten?

____

____

____

____

Quadratzahlen und Quadratwurzeln

▶ Grundwissen

- Die Quadratwurzel von a ist diejenige nichtnegative Zahl, die mit sich selbst multipliziert a ergibt.
- Bei nichtnegativen Zahlen ist das Wurzelziehen die Umkehrung des Quadrierens und das Quadrieren die Umkehrung des Wurzelziehens.

Beispiele: $\sqrt{4}$ = ____ , denn ____ = 4 ______________________

▶ Auftrag: Ergänze das Beispiel und gib ein weiteres Beispiel an.

Trainieren

1 Ergänze in einer Minute möglichst viele Quadratzahlen von 1 bis 20.

x	1	2	3	4	5	6	7	8	9	10
x^2										

x	11	12	13	14	15	16	17	18	19	20
x^2										

2 Berechne die Quadratzahlen, ohne den Taschenrechner zu nutzen.
Hinweis: Nutze die Ergebnisse aus den Tabellen bei Aufgabe 1.

a) $10^2 =$ ____ b) $30^2 =$ ____ c) $70^2 =$ ____ d) $130^2 =$ ____

$1^2 =$ ____ $3^2 =$ ____ $7^2 =$ ____ $13^2 =$ ____

$0{,}1^2 =$ ____ $0{,}3^2 =$ ____ $0{,}7^2 =$ ____ $1{,}3^2 =$ ____

$0{,}01^2 =$ ____ $0{,}03^2 =$ ____ $0{,}07^2 =$ ____ $0{,}13^2 =$ ____

3 Berechne die Quadratwurzeln, ohne den Taschenrechner zu nutzen.
Hinweis: Nutze die Ergebnisse aus den Tabellen bei Aufgabe 1.

a) $\sqrt{400} =$ ____ b) $\sqrt{8\,100} =$ ____ c) $\sqrt{32\,400} =$ ____ d) $\sqrt{12\,100} =$ ____

$\sqrt{4} =$ ____ $\sqrt{81} =$ ____ $\sqrt{324} =$ ____ $\sqrt{256} =$ ____

$\sqrt{0{,}04} =$ ____ $\sqrt{0{,}81} =$ ____ $\sqrt{3{,}24} =$ ____ $\sqrt{1{,}44} =$ ____

$\sqrt{0{,}0004} =$ ____ $\sqrt{0{,}0081} =$ ____ $\sqrt{0{,}0324} =$ ____ $\sqrt{0{,}0225} =$ ____

4 Ermittle die Ergebnisse im Kopf.
Hinweis: Nutze die Ergebnisse aus den Tabellen bei Aufgabe 1.

a) $0{,}07^2 =$ ____ b) $90^2 =$ ____ c) $1{,}9^2 =$ ____

d) $\sqrt{0{,}25} =$ ____ e) $\sqrt{0{,}0064} =$ ____ f) $\sqrt{10\,000} =$ ____

g) $\sqrt{100} + 1^2 =$ ____ h) $\sqrt{81} + 9^2 =$ ____ i) $\sqrt{0{,}49} + 11^2 =$ ____

j) $\sqrt{4} + 1^2 =$ ____ k) $\sqrt{1{,}21} + 3^2 =$ ____ l) $\sqrt{0{,}0144} + 6^2 =$ ____

Ergebnisse zum Abstreichen:

0,0049	0,08
0,5	3
3,61	10,1
11	36,12
90	100
121,7	8 100

5 Seitenlängen und Flächeninhalte von Quadraten

a) Ergänze zuerst die Seitenlänge bzw. den Flächeninhalt. Zeichne danach beide Quadrate.

Quadrat ①: Seitenlänge: 40 mm

Flächeninhalt: ____________________

Quadrat ②: Seitenlänge: ____________________

Flächeninhalt: $900\,mm^2$

b) Es sind Seitenlängen und Flächeninhalte von unterschiedlich großen Quadraten gegeben. Entscheide ohne Taschenrechner, welche vier Paare zusammengehören. Zeichne Linien ein.

3 cm | 9 cm | $81\,cm^2$ | 18 cm | $3{,}24\,cm^2$

1,8 cm | $324\,cm^2$ | $9\,cm^2$ | $32{,}4\,cm^2$ | 0,9 cm

Anwenden und Vernetzen

6 In der Dämmerung werden Gegenstände mit einem Fernglas umso besser gesehen, je größer und heller sie erscheinen.
Es wurde festgestellt, dass die Erkennbarkeit mit der Wurzel aus dem Produkt von Objektivdurchmesser und Vergrößerung steigt.
Zur Auswahl stehen Ferngläser mit folgenden Daten.
Berechne die Dämmerungszahl jedes Modells.
Welche beiden Gläser sind demnach für die Dämmerung besonders zu empfehlen?

Modell	A	B	C	D	E	F
…-fache Vergrößerung	8	20	12	8	10	25
Objektivdurchmesser in mm	30	50	40	40	25	30
Dämmerungszahl						

7 Differenzen von Quadratzahlen

a) Schreibe die Differenz der jeweils aufeinander folgenden Quadratzahlen von 1 bis 10 auf. Was fällt dir auf?

b) Überprüfe deine Regel von Teilaufgabe **a** am Beispiel der Quadrate von 99; 100 und 101.

Quadratische Funktionen

▶ Grundwissen

- Eine Funktion der Form $y = ax^2$ (bzw. $f(x) = ax^2$) heißt quadratische Funktion.
- Der Graph einer quadratischen Funktion ist eine gekrümmte Linie (Parabel).

Beispiel: Zahl → ein Drittel des Quadrats der Zahl

$y =$ ____________________

x	−3	−2	0	2	3
y	3	$1\frac{1}{3}$	0		

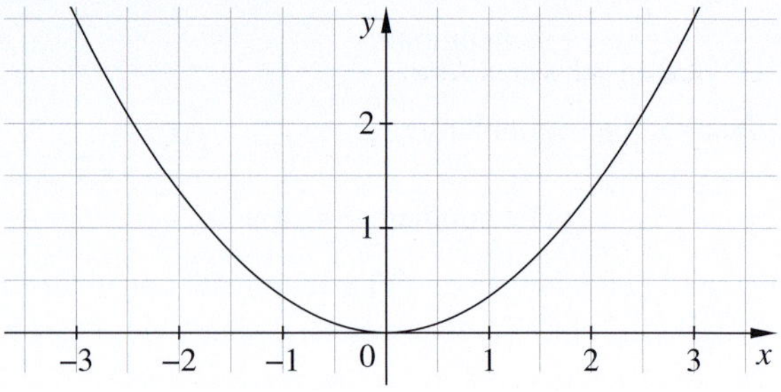

▶ Auftrag: Ergänze die Funktionsgleichung und die Tabelle. Trage die zugehörigen Punkte im Koordinatensystem ein.

Trainieren

1 Wertetabellen und Graphen quadratischer Funktionen

① $y = x^2$

x	−3	−2	0	2	3
y					

② $y = 2x^2$

x	−2	−1	0	1	2
y					

③ $y = 0{,}1\,x^2$

x	−7	−5	0	5	6
y					

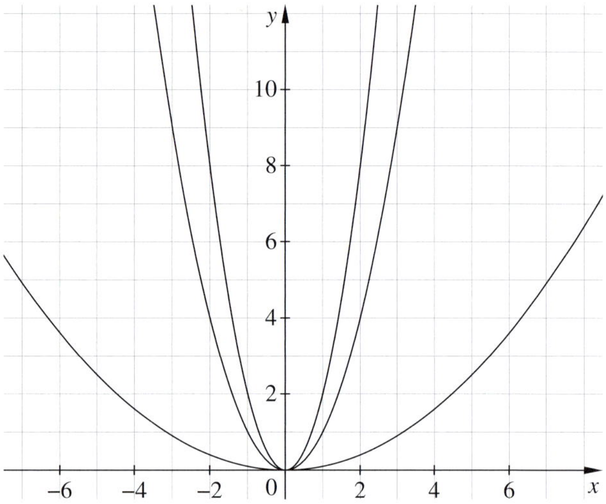

a) Ergänze die Wertetabellen.

b) Trage entsprechende Punkte im Koordinatensystem ein und ordne die passenden Graphen zu.

2 Skizziere die Graphen der quadratischen Funktionen im 1. Quadranten. Wähle geeignete Werte für x.
Zusatzaufgabe: Zeichne die Graphen mit einem Funktionenplotter. Was stellst du fest?

① $y = 3x^2$

x					
y					

② $y = 0{,}25\,x^2$

x					
y					

③ $y = 0{,}05\,x^2$

x					
y					

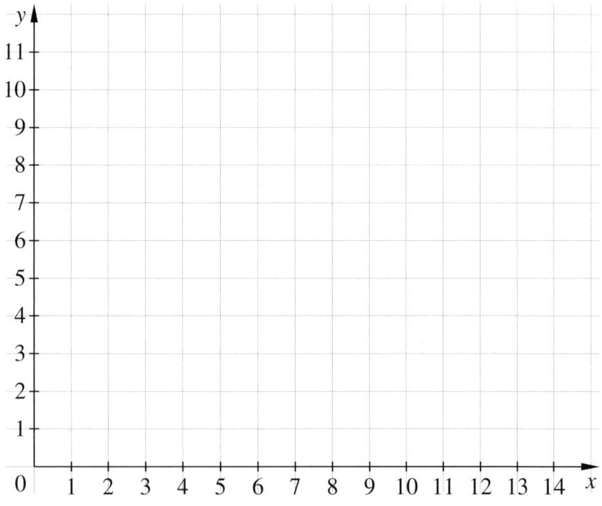

3 In einem Fahrschulbuch steht:
Für die Energie E, die ein Körper der Masse m aufgrund seiner Geschwindigkeit v besitzt, gilt $E = \frac{1}{2}mv^2$.

a) Kreuze die zur Berechnung der Energie richtig aufgestellten Funktionsgleichungen an.

① 800 kg schweres Auto

☐ $y = 800\,xv^2$ ☐ $f(x) = 400\,x^2$

② 1 200 kg schweres Auto

☐ $y = \frac{1}{2}xv^2$ ☐ $f(x) = 600\,x^2$

b) Ergänze die Wertetabelle für 800 kg und 1 200 kg schwere Fahrzeuge.

Geschwindigkeit in $\frac{m}{s}$	5	10	15	20	25	30
Energie des 800 kg schweren Autos in J						
Energie des 1200 kg schweren Autos in J						

c) Skizziere danach die dazugehörigen Graphen.

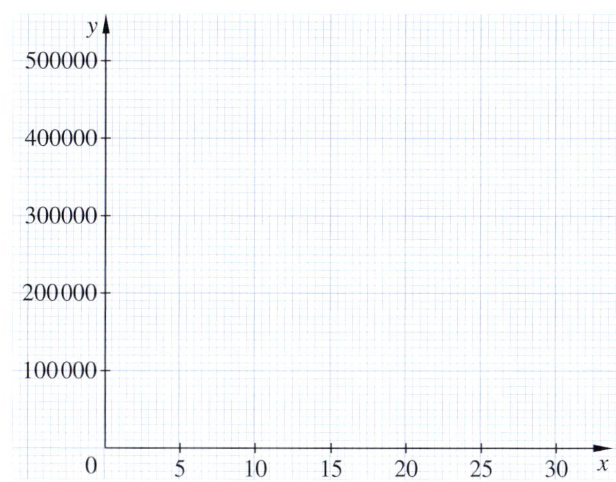

d) Die Masse des Fahrzeugs wird verdoppelt.
Die Geschwindigkeit bleibt gleich.
Wie verändert sich die entsprechende Energie?

____

e) Die Geschwindigkeit eines Autos wird verdoppelt.
Die Masse des Autos bleibt gleich.
Wie verändert sich die entsprechende Energie?

____

Anwenden und Vernetzen

4 Skizzieren von gekrümmten Linien im Koordinatensystem

a) Spiegele den Graphen von $f(x) = x^2$ …

① an der x-Achse

② an der Geraden von $f(x) = x$

③ an der Geraden von $f(x) = -x$

b) Zuordnungen, bei denen einem x-Wert mehr als ein y-Wert zugeordnet wird, sind keine Funktionen.
Welche Graphen stellen keine Funktionen dar?
Begründe deine Entscheidung.

____

____

____

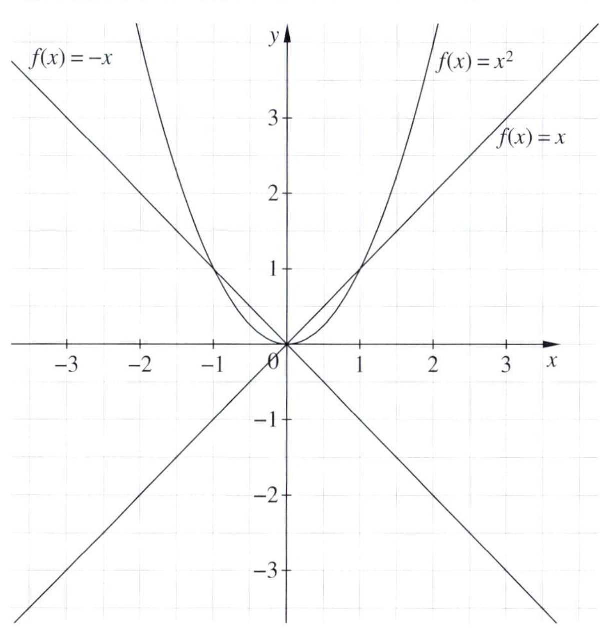

Quadratische Funktionen und ihre Umkehrung

▶ Grundwissen

- Die Umkehrfunktion einer Funktion ordnet jedem Wert aus dem Wertebereich (y-Wert) den dazu passenden Wert aus dem Definitionsbereich (x-Wert) zu.
- Spiegelt man den Graphen einer quadratischen Funktion $f(x) = ax^2$ (für $a > 0$ und $x > 0$) an der Winkelhalbierenden $f(x) = x$, erhält man den Graphen der Umkehrfunktion $f^{-1}(x) = \sqrt{\frac{x}{a}}$.

Beispiel:
Funktion: Seitenlänge des Quadrats in m → Flächeninhalt in m²
$f(x) = x^2$

x	0,5	1	1,5	2	3
y					

Umkehrfunktion: Flächeninhalt in m² → Seitenlänge des Quadrats in m
$f^{-1}(x) = \sqrt{\frac{x}{1}} = \sqrt{x}$

x	0,25				
y		1	1,5	2	3

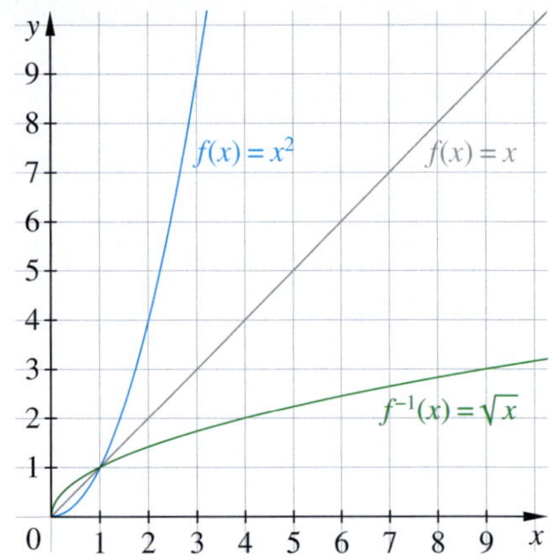

▶ Auftrag: Ergänze die Tabellen und trage die zugehörigen Punkte im Koordinatensystem ein.

Trainieren

1 Skizziere die Graphen der Umkehrfunktionen und ergänze die Wertetabellen.

① Funktion: $f(x) = 2x^2$

x	0	1	2	3	4
y					

② Umkehrfunktion: $f^{-1}(x) = \sqrt{\frac{x}{2}} = \sqrt{0{,}5x}$

x					
y	0	1	2	3	4

③ Funktion: $f(x) = 0{,}5x^2$

x	0	1	2	3	4
y					

④ Umkehrfunktion: $f^{-1}(x) = \sqrt{\frac{x}{0{,}5}} = \sqrt{2x}$

x					
y	0	1	2	3	4

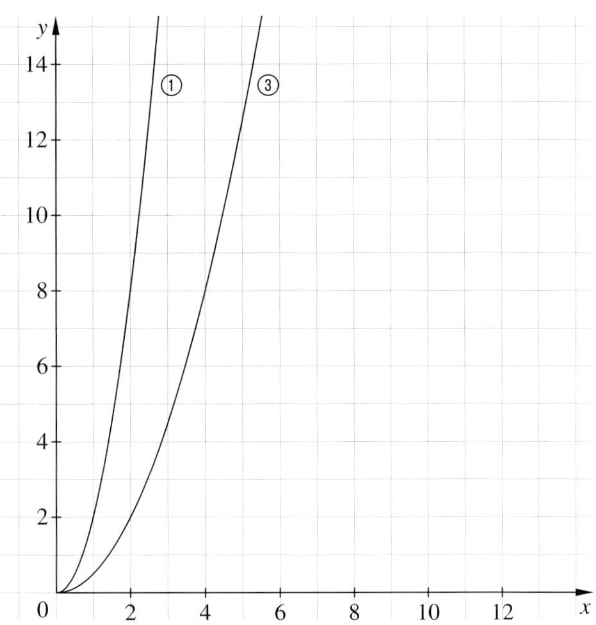

2 Ordne jeder Funktion ihre Umkehrfunktion zu. Zeichne Linien ein.
Zusatzaufgabe: Prüfe mit Wertepaaren, ob deine Zuordnungen stimmen können.

$f(x) = 10x^2$ $f(x) = 25x^2$ $f(x) = 125x^2$ $f(x) = 40x^2$

$f^{-1} = \sqrt{0{,}04x}$ $f^{-1} = \sqrt{0{,}008x}$ $f^{-1} = \sqrt{0{,}25x}$ $f^{-1} = \sqrt{0{,}025x}$ $f^{-1} = \sqrt{0{,}1x}$

3 Ermitteln von Werten quadratischer Funktionen und ihrer Umkehrung

a) Ermittle jeweils x.
Hinweis: Führe gleichartige Umformungen durch.

$y = 3x^2 \quad (x > 0)$ $\qquad P(\_\_\_\_ \mid 12)$

____ = ____ $\quad | :3$

____ = ____

____ = ____

$y = ax^2 \quad (a > 0)$

____ = ____ $\quad | :a$

____ = ____

____ = ____

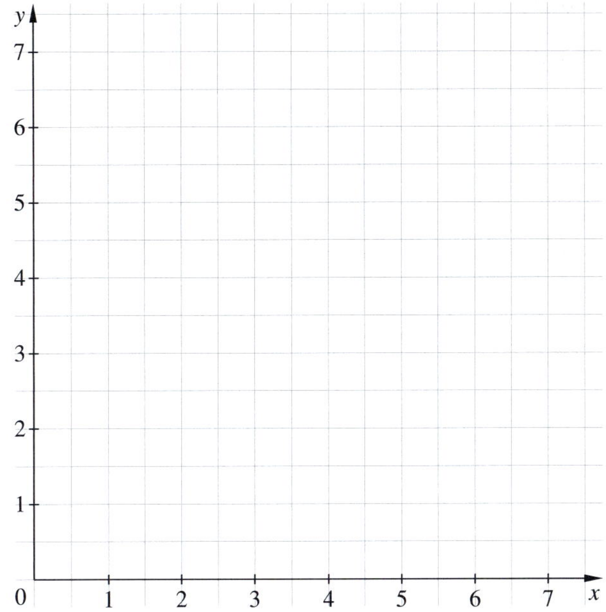

b) Gib die Umkehrfunktion an und skizziere beide Graphen.

$f(x) = 3x^2$ und $f^{-1}(x) =$ ______

Anwenden und Vernetzen

4 Mit der Gleichung $y = \sqrt{\frac{x}{5}}$ kann man näherungsweise berechnen, wie viele Sekunden ein Stein fällt, bis er auf das Wasser im Brunnen trifft.

a) Ergänze x und y.

____ steht für die Fallhöhe in Metern.

____ steht für die Fallzeit in Sekunden.

b) Ordne den passenden Graphen zu.

c) Skizziere den Graphen der Umkehrfunktion und gib deren Funktionsgleichung an.

____

d) Ein Stein fällt ca. 1 s vom 1 m hohen Brunnenrand, bis er auf das Wasser trifft.
Wie lang muss das Seil am Eimer mindestens sein, damit man Wasser aus dem Brunnen holen kann?

____

____

e) Wie lange dauert es, bis ein Stein 30 m gefallen ist?

____

____

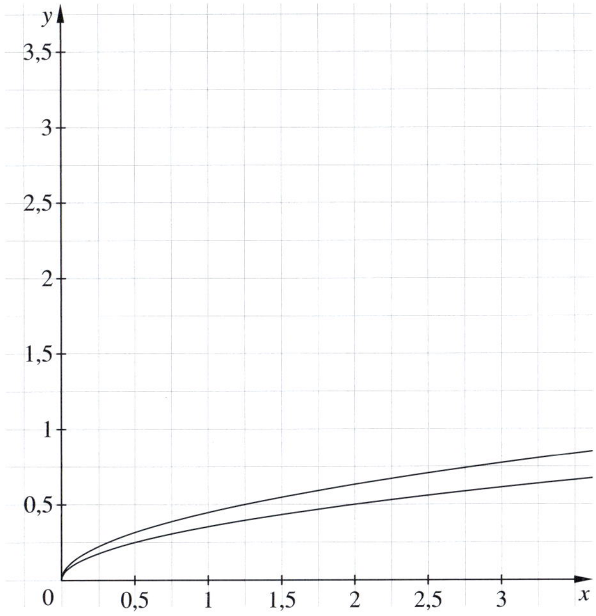

f) Zusatzaufgabe: Zeichne alle drei Graphen mit einem Funktionenplotter nach.
Hinweis: Ermittle die unbekannten Funktionsgleichungen durch Probieren.

Rechnen mit Wurzeln

▶ Grundwissen

- Quadratwurzeln mit gleichen Radikanden können mithilfe des Distributivgesetzes addiert oder subtrahiert werden,
  d. h., $m \cdot \sqrt{a} + n \cdot \sqrt{a} = (m+n) \cdot \sqrt{a}$ $(a \geq 0)$.
- Quadratwurzeln können multipliziert bzw. dividiert werden, indem man die Radikanden multipliziert bzw. dividiert,
  d. h., $\sqrt{a} \cdot \sqrt{b} = \sqrt{a \cdot b}$
  $\sqrt{a} : \sqrt{b} = \sqrt{a : b}$ $(a \geq 0; b > 0)$.
- In Produkten bzw. Quotienten kann man auch teilweise Quadratwurzeln ziehen,
  d. h., $\sqrt{a^2 \cdot b} = \sqrt{a^2} \cdot \sqrt{b} = a \cdot \sqrt{b}$
  $\sqrt{\frac{a}{b^2}} = \frac{\sqrt{a}}{\sqrt{b^2}} = \frac{1}{b} \cdot \sqrt{a}$ $(a \geq 0; b > 0)$.

Beispiele:

$3 \cdot \sqrt{7} + 2 \cdot \sqrt{7} =$ ______

$9 \cdot \sqrt{7} - 3 \cdot \sqrt{7} =$ ______

$\sqrt{3} \cdot \sqrt{12} =$ ______

$\sqrt{12} : \sqrt{3} =$ ______

$\sqrt{7^2 \cdot 5} =$ ______

$\sqrt{\frac{3}{11^2}} =$ ______

▶ **Auftrag:** Ergänze die Beispiele.

Trainieren

1 Ordne alle Ergebnisse zu.
Hinweis: Zeichne bei **a** acht und bei **b** zehn Linien ein.

a) Addieren und Subtrahieren von Quadratwurzeln

$\sqrt{7} + \sqrt{7}$	$\sqrt{0{,}49} + \sqrt{7}$	$3\sqrt{7} + 4\sqrt{7}$	$4\sqrt{7} - 3\sqrt{7}$	$0{,}7\sqrt{7} - 0{,}3\sqrt{7}$	$\sqrt{49} + \sqrt{49}$	$0{,}12\sqrt{7} - 0{,}3\sqrt{7}$

$0{,}4\sqrt{7}$	$0{,}7 + \sqrt{7}$	$9{,}65$	$2\sqrt{7}$	$\sqrt{7}$	$2{,}65$	$7 \cdot \sqrt{7}$	$-0{,}18\sqrt{7}$	$2\sqrt{49}$	14

b) Multiplizieren und Dividieren von Quadratwurzeln

$\sqrt{2{,}5} \cdot \sqrt{0{,}1}$	$\sqrt{2{,}5} : \sqrt{0{,}1}$	$4\sqrt{2{,}5} \cdot \sqrt{4}$	$\sqrt{50} : \sqrt{2}$	$2\sqrt{18} : 4\sqrt{2}$	$-4\sqrt{3} : \sqrt{300}$	$\sqrt{\frac{3600}{81}}$

5	$0{,}5$	$\sqrt{0{,}25}$	$4\sqrt{(2{,}5 \cdot 4)}$	$\sqrt{(50:2)}$	$0{,}5\sqrt{9}$	$-4\sqrt{\frac{3}{300}}$	$\frac{60}{9}$	$-0{,}04$	$4{,}5$

2 Ziehe die Wurzel teilweise wie im folgenden Beispiel.
$\sqrt{12} = \sqrt{2 \cdot 2 \cdot 3} = 2\sqrt{3}$

a) $\sqrt{135} =$ ______ **b)** $\sqrt{20} =$ ______

c) $\sqrt{250} =$ ______ **d)** $\sqrt{150} =$ ______

e) $\sqrt{250\,a^2 b^2} =$ ______ **f)** $\sqrt{900\,xy^2} =$ ______

g) $\sqrt{\frac{x^2}{90}} =$ ______ **h)** $\sqrt{\frac{72}{x^2 y}} =$ ______

i) $\sqrt{\frac{9x^2}{200}} =$ ______ **j)** $\sqrt{\frac{50\,y}{162\,x^2 y^2}} =$ ______

3 Berechne die Werte ohne Taschenrechner und vergleiche sie.

a) $\sqrt{49} + \sqrt{36}$ ☐ $\sqrt{49 + 36}$

b) $\sqrt{\frac{2}{3}} \cdot \sqrt{\frac{3}{2}}$ ☐ $\sqrt{\frac{2}{3} \cdot \frac{3}{2}}$

c) $\frac{\sqrt{144}}{\sqrt{25}}$ ☐ $\sqrt{\frac{144}{25}}$

d) $\sqrt{\frac{3}{2}} : \sqrt{0,5}$ ☐ $\sqrt{\frac{3}{2} : 0,5}$

4 Ermittle die Werte ohne Taschenrechner.

a) $\sqrt{\frac{80}{5}} =$

b) $\frac{\sqrt{63}}{\sqrt{7}} =$

c) $\sqrt{\frac{0,04}{0,16}} =$

d) $\frac{\sqrt{2} \cdot \sqrt{147}}{\sqrt{6}} =$

Anwenden und Vernetzen

5 Im Außenbereich einer Jugendherberge wird ein begehbares Schachbrett aus quadratischen Platten gebaut. Das Schachbrett, bestehend aus 64 Feldern, soll auf jeder Seite durch 30 cm breite Randsteine eingefasst werden.

a) Die Diagonale des gesamten Schachbretts mit Randsteinen hat eine Länge von 7,07 m. Wie groß ist seine Seitenlänge?
Hinweis: $2a^2 = d^2$

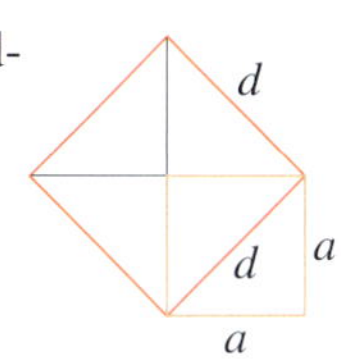

b) Wie viele Randsteine werden benötigt, wenn ein Randstein 58,75 cm lang ist?

6 Wir wissen: In einem Quadrat mit der Seitenlänge 1 hat die Diagonale die Länge $\sqrt{2}$ und $\sqrt{2}$ ist eine irrationale Zahl.

a) Begründe mithilfe der Zeichnung, dass in einem Quadrat mit der Seitenlänge 3 die Diagonale die Länge $3 \cdot \sqrt{2}$ und in einem Quadrat mit der Seitenlänge 4 die Diagonale die Länge $4 \cdot \sqrt{2}$ hat.

b) Lies je einen Näherungswert für $3 \cdot \sqrt{2}$ und $4 \cdot \sqrt{2}$ ab.

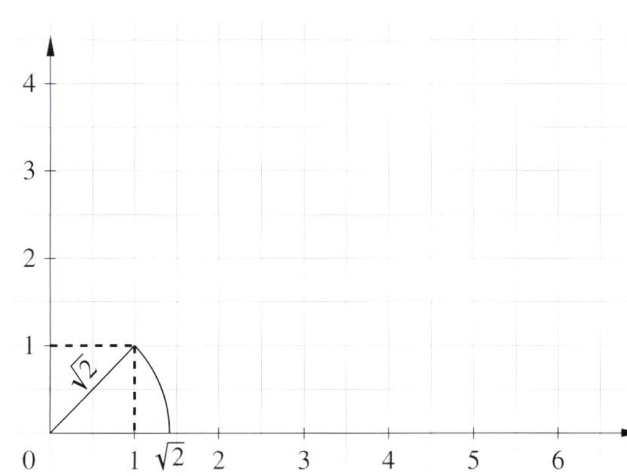

c) Zu welchen Zahlenbereichen gehören die Zahlen $3 \cdot \sqrt{2}$ und $4 \cdot \sqrt{2}$?

Ähnlichkeit im geometrischen Sinn

▶ **Grundwissen**

- Entsteht eine Figur durch maßstäbliches Vergrößern oder Verkleinern einer anderen Figur, so sind beide Figuren zueinander ähnlich. ☐
- Wenn alle einander entsprechenden Strecken im gleichen Maßstab vergrößert oder verkleinert sind und alle einander entsprechenden Winkel gleich groß sind, sind zwei Figuren zueinander ähnlich. ☐

Beispiele: zueinander ähnliche Trapeze zueinander ähnliche Figuren

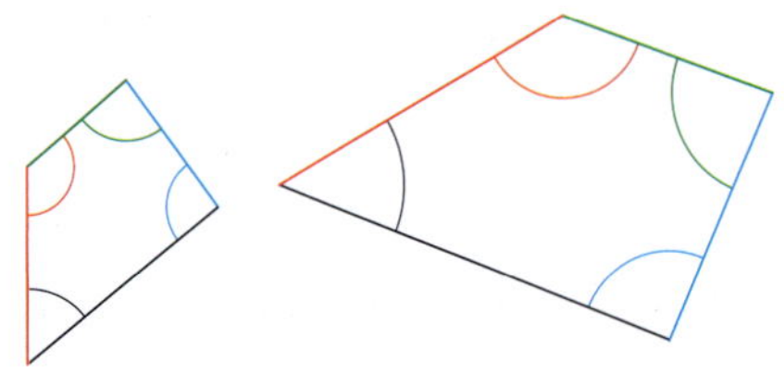

▶ **Auftrag:** Kreuze wahre Aussagen an.

Trainieren

1 Kreuze die fünf im geometrischen Sinn zueinander ähnlichen Schmetterlinge an.
Zusatzaufgabe: Begründe, warum die anderen nicht zueinander ähnlich sind.

2 Markiere in den zueinander ähnlichen Dreiecken alle einander entsprechenden Winkel und Seiten.

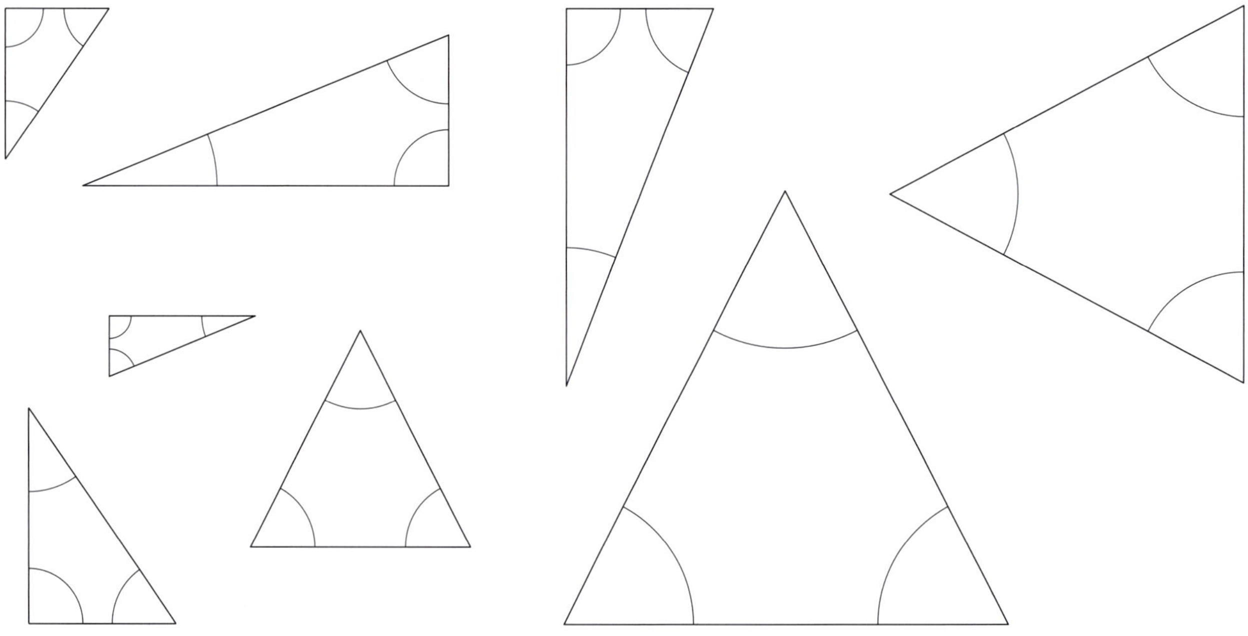

3

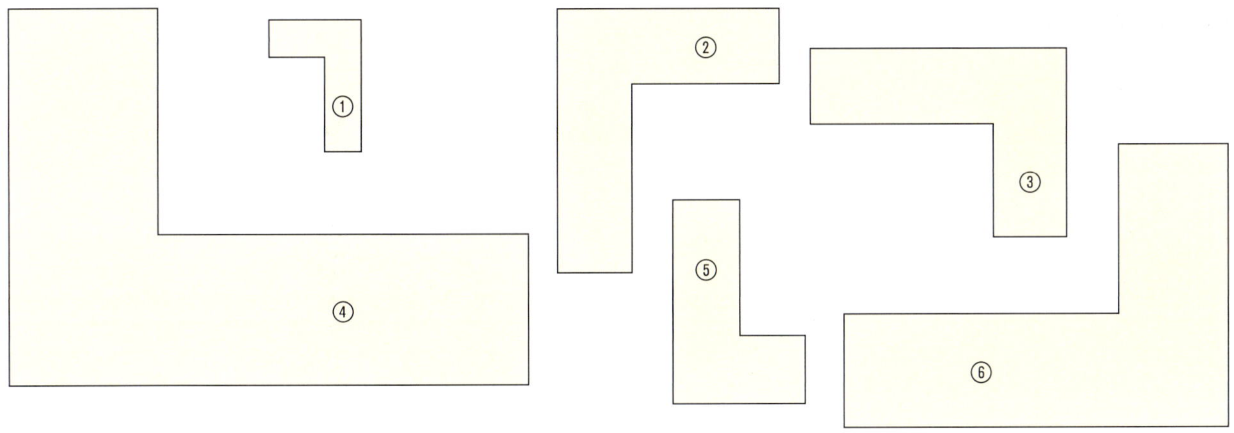

a) Betrachte nur zueinander ähnlichen Figuren. Ordne die Längen einander entsprechender Seiten in der Tabelle zu.

Figur						
Figur						
Figur	1,25 cm	0,5 cm	0,75 cm	1,25 cm	0,5 cm	1,75 cm
Figur	3,75 cm	1,5 cm	2,25 cm	3,75 cm	1,25 cm	5,25 cm

b) Ergänze die Sätze.

Vergrößerungen der Figur ③ sind ___ und ___. 1 : 2 ist das Seitenverhältnis von ___ und ___ sowie von ___ und ___.

Anwenden und Vernetzen

4 Gesucht wird ein Punkt R, sodass das Dreieck ABC ähnlich zu dem mit den Eckpunkten P, Q und R ist.

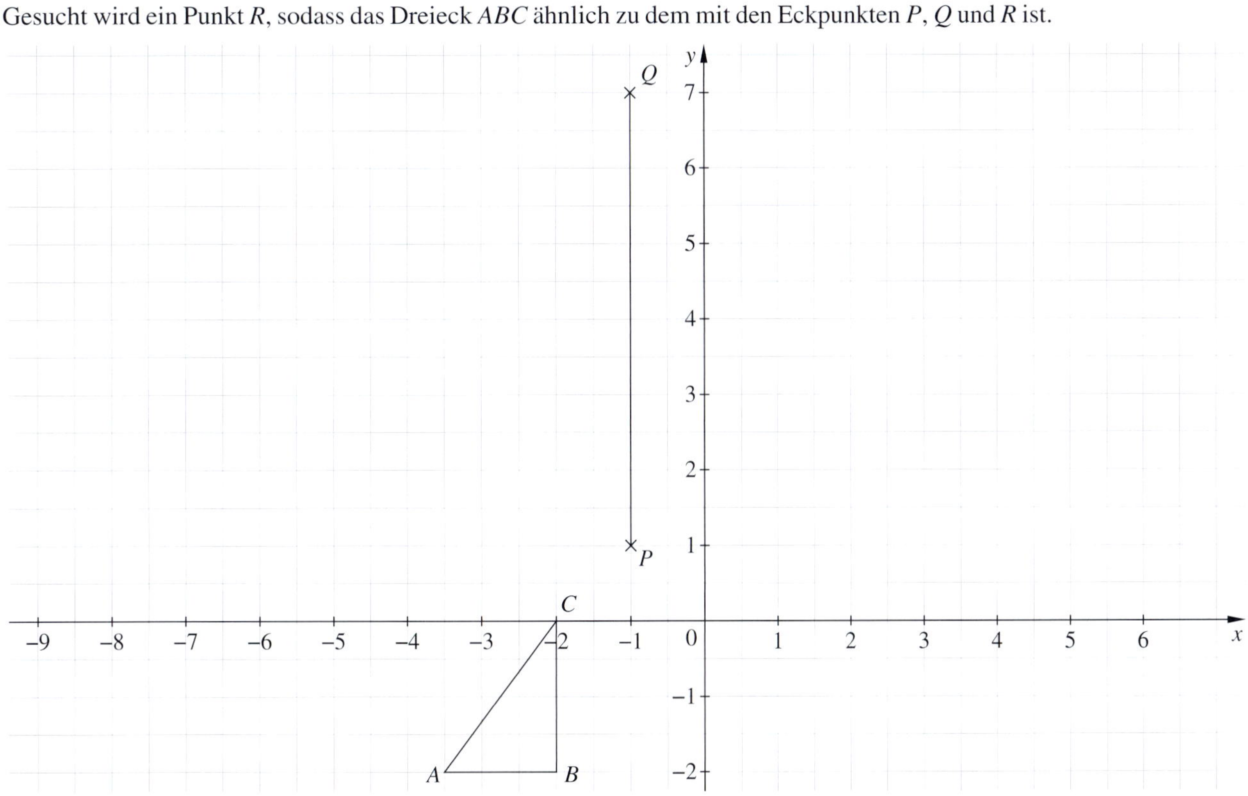

a) Trage möglichst viele infrage kommende Punkte in das Koordinatensystem ein.

b) In welchen Maßstäben ist das Dreieck ABC vergrößert worden? ______________

Vergrößern und Verkleinern

▶ Grundwissen

- Eine zentrische Streckung wird angegeben durch den Streckungsfaktor k und das Streckungszentrum Z.
- Mithilfe zentrischer Streckungen können Figuren maßstäblich vergrößert ($k > 1$) und verkleinert ($0 < k < 1$) werden.

Beispiele: Vergrößerung mit $k = 2$

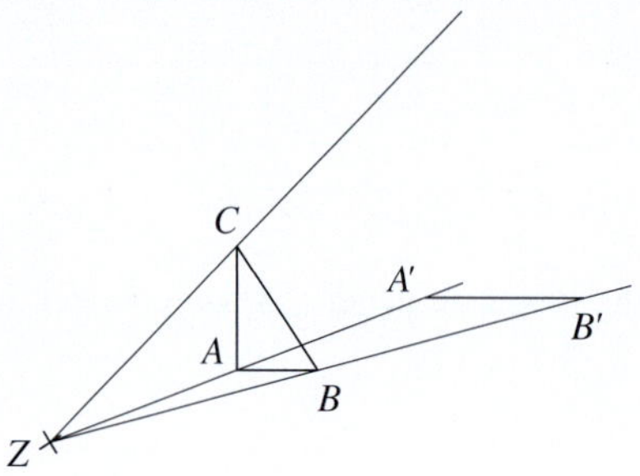

Verkleinerung mit $k = \frac{1}{2}$

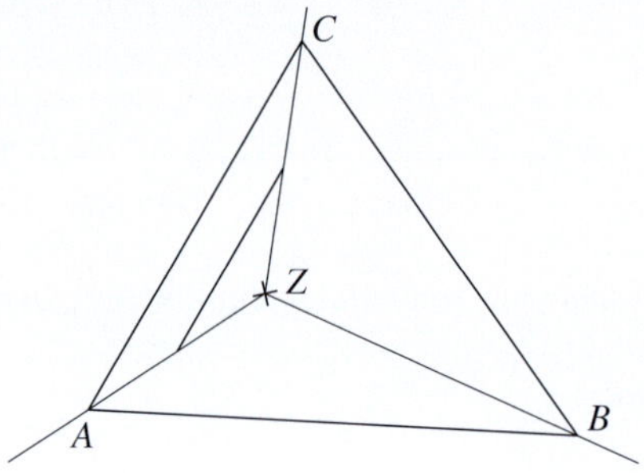

▶ Auftrag: Ergänze die Beispiele.

Trainieren

1

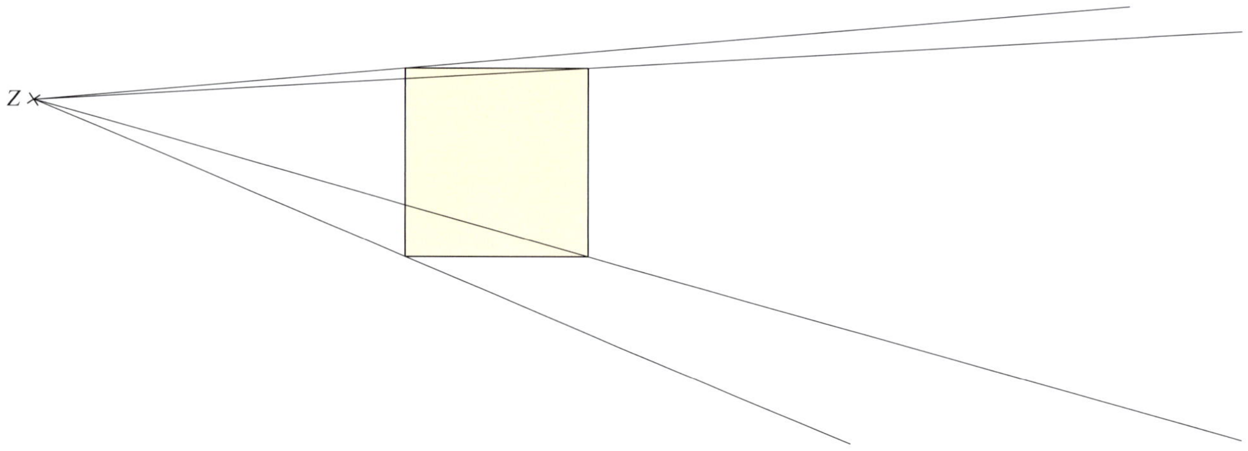

a) Der Punkt Z ist das Streckungszentrum. Vergrößere das gelbe Quadrat mit $k = 2$.

b) Der Punkt Z ist das Streckungszentrum. Verkleinere das gelbe Quadrat mit $k = \frac{1}{2}$.

2

a) Der Punkt Z_1 ist das Streckungszentrum. Vergrößere den gelben Pfeil mit $k = 2{,}5$.

b) Der Punkt Z_2 ist das Streckungszentrum. Vergrößere den gelben Pfeil mit $k = 2{,}5$.

3 Ergänze die Tabelle.

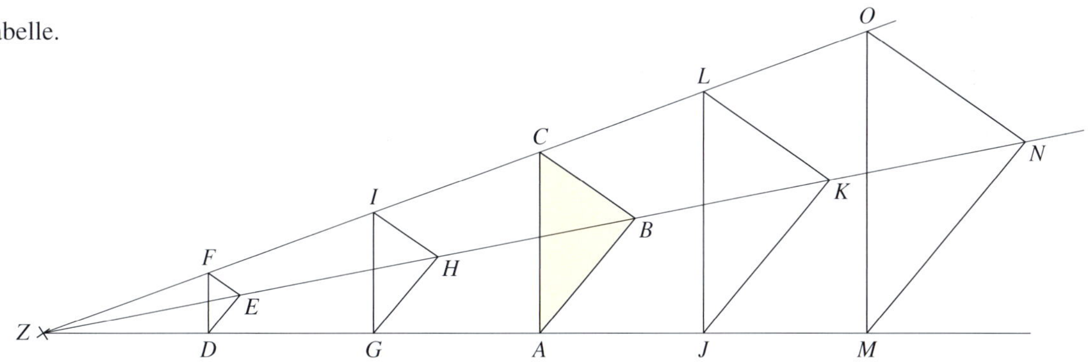

Original	Dreieck *ABC*	Dreieck *ABC*	Dreieck *ABC*	Dreieck *ABC*	Dreieck *GHI*	Dreieck *DEF*
Bild		Dreieck *DEF*		Dreieck *MNO*		Dreieck *MNO*
Streckungs-faktor	$\frac{2}{3}$		$1\frac{1}{3}$		$\frac{1}{2}$	

4 Die Figuren entstanden durch zentrische Streckungen.
Ermittle die Streckungszentren und gib in der Tabelle alle Möglichkeiten an.

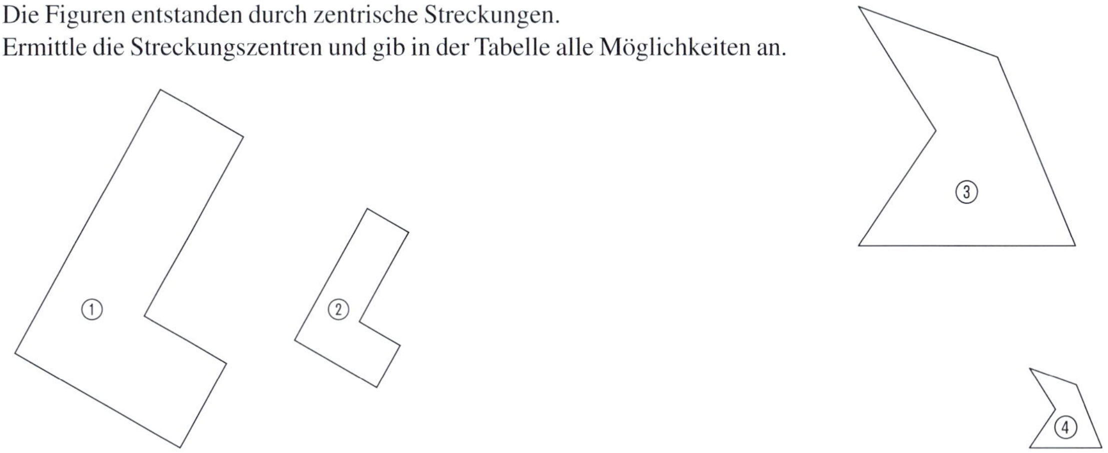

Original	①			
Bild				
Streckungs-faktor				

Anwenden und Vernetzen

5 Marie soll im Praktikum die Vorlagen für die Raumgestaltung kopieren. Ergänze die bei den Vergrößerungen oder Verkleinerungen am Kopierer einzugebenden Prozentsätze.
Hinweis: Jede Arbeitsheftdoppelseite hat DIN-A3-Format.
Jede einzelne Arbeitsheftseite hat DIN-A4-Format.

von / auf	DIN-A2-Format	DIN-A3-Format	DIN-A4-Format	DIN-A5-Format
DIN-A2-Format		141%		
DIN-A3-Format				
DIN-A4-Format				
DIN-A5-Format				

Erster Strahlensatz

▶ Grundwissen

Werden zwei sich schneidende Geraden von zwei Parallelen geschnitten,
so sind die Längenverhältnisse entsprechender Abschnitte auf den sich schneidenden Geraden gleich.

Beispiele:

$\frac{|\overline{ZA'}|}{|\overline{ZA}|} = \frac{}{|\overline{ZB}|}$

$\frac{|\overline{AA'}|}{|\overline{ZA}|} = \frac{}{|\overline{ZB}|}$

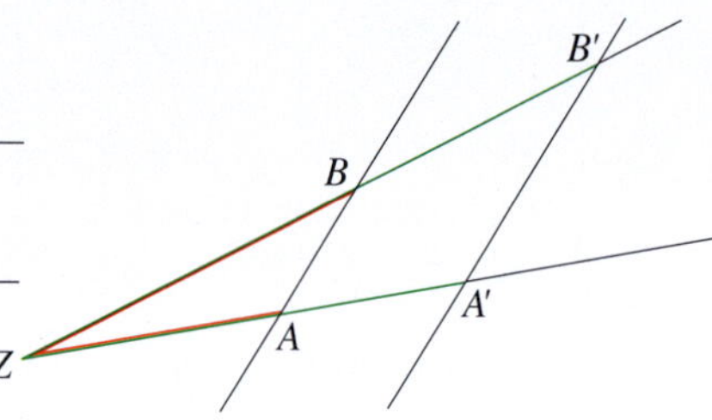

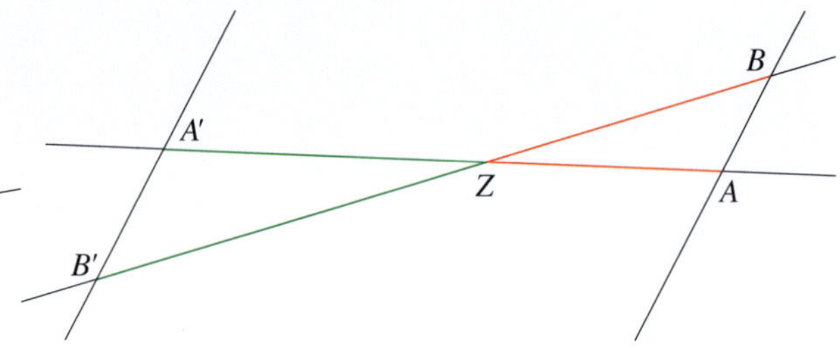

▶ Auftrag: Ergänze die Formeln.

Trainieren

1 Zwei sich schneidende Geraden werden von zwei Parallelen geschnitten.

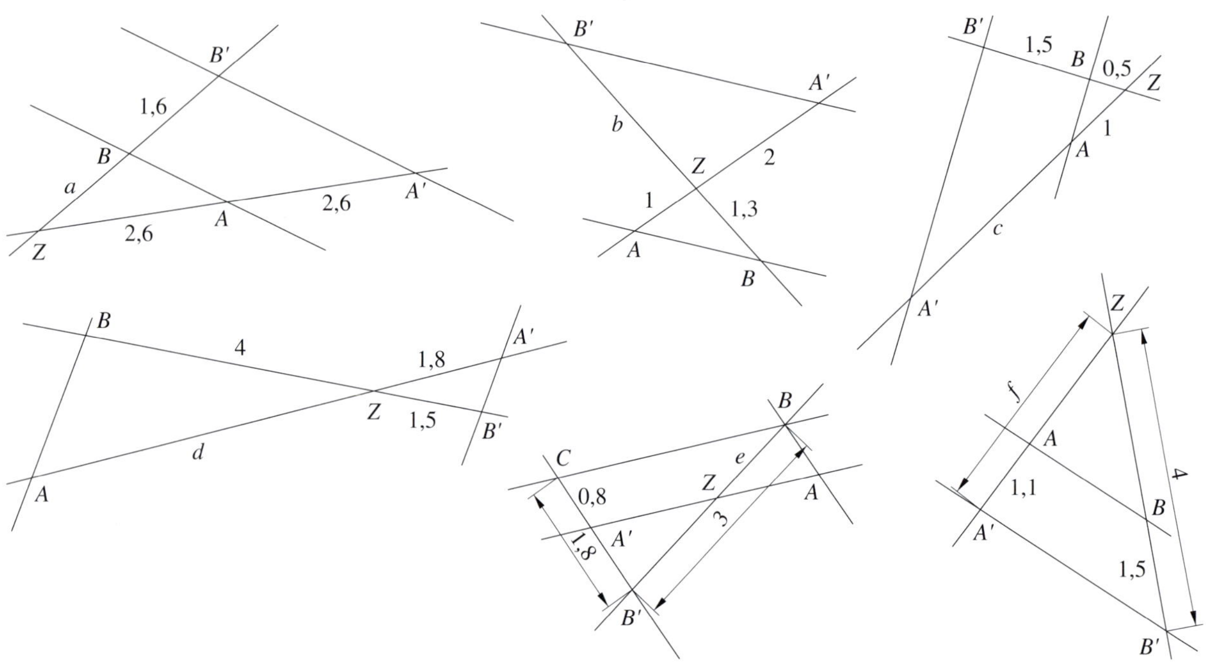

a) Markiere zuerst zueinander gehörende Geradenabschnitte mit der gleichen Farbe.
Berechne danach die gesuchten Streckenlängen.
Hinweis: Die vorgegebenen Zeichnungen sind nicht maßstäblich.

b) Wie viele zueinander ähnliche Dreiecke enthält jede der Figuren? ____________________

2 Zwei sich schneidende Geraden werden von vier Parallelen geschnitten.

a) Berechne die gesuchten Seitenlängen.

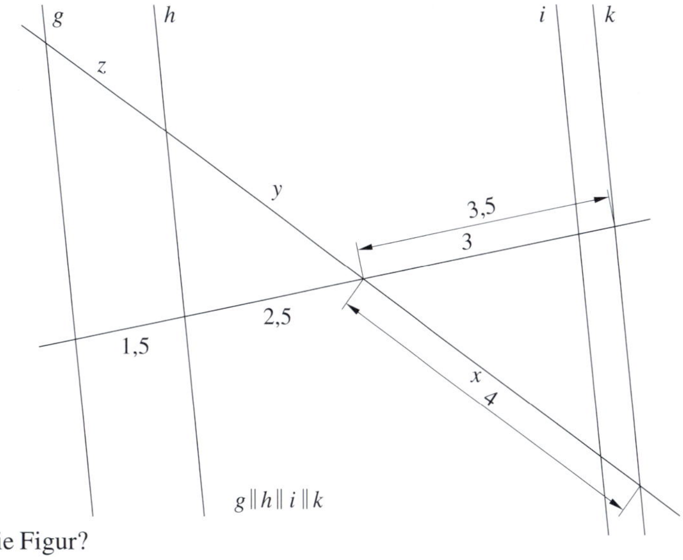

b) Wie viele zueinander ähnliche Dreiecke enthält die Figur?

Anwenden und Vernetzen

3 Carolina sagt: „Die Höhe der Laterne lässt sich bei Sonnenschein relativ einfach ermitteln.
Dazu wird direkt neben die Laterne ein gerader Stab gesteckt. Mithilfe der Schattenlängen und der Stablänge kann die Höhe der Laterne berechnet werden.
Der Schatten einer Laterne ist rund 8,9 m lang.
Der Schatten einer daneben stehenden 1 m langen Wasserwaage ist rund 2,2 m lang. “

a) Veranschauliche die Situation mithilfe einer Skizze.

b) Berechne die Höhe der Laterne.

c) Schätze, in welchem Winkel die Sonnenstrahlen auf die Erde treffen.
Zusatzaufgabe: In welcher Jahreszeit könnte diese Situation gegen 12:00 Uhr in Deutschland eintreten?

Zweiter Strahlensatz

▶ Grundwissen

Werden zwei sich schneidende Geraden von zwei Parallelen geschnitten, so ist das Längenverhältnis der Parallelenabschnitte genauso groß wie das Längenverhältnis der Strecken von Z bis zu den Schnittpunkten mit den Parallelen.

Beispiele:

$$\frac{|\overline{A'B'}|}{|\overline{ZA'}|} = \frac{\qquad}{|\overline{ZA}|}$$

$$\frac{|\overline{A'B'}|}{|\overline{ZB'}|} = \frac{\qquad}{|\overline{ZB}|}$$

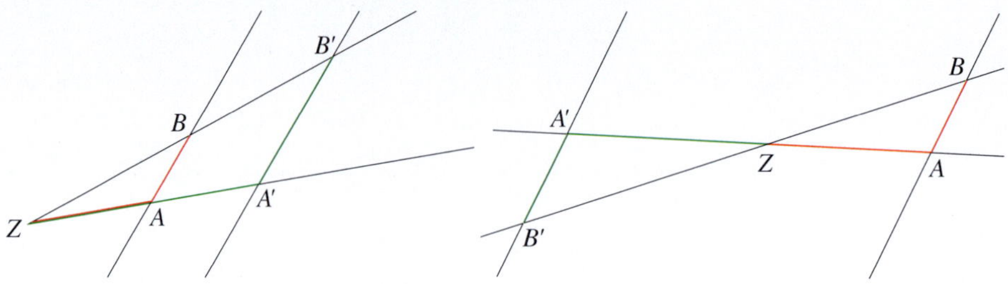

▶ Auftrag: Ergänze die Formeln.

Trainieren

1 Zwei sich schneidende Geraden werden von zwei Parallelen geschnitten.

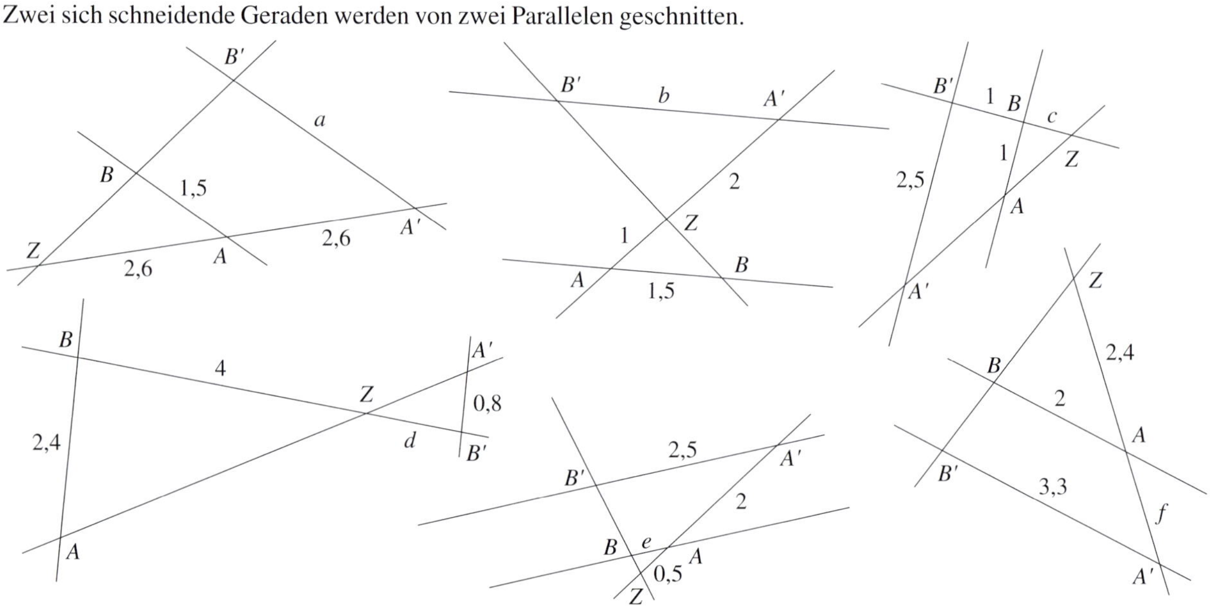

a) Markiere zuerst zueinander gehörende Geradenabschnitte mit der gleichen Farbe.
Berechne danach die gesuchten Streckenlängen.
Hinweis: Die vorgegebenen Zeichnungen sind nicht maßstäblich.

b) Gib die Streckungsfaktoren der Dreiecke in den ersten drei Zeichnungen an.

2 Zueinander parallele und nicht zueinander parallele Strecken

a) Untersuche, welche Strecken zueinander parallel sind, und berechne mit dem Strahlensatz möglichst viele Streckenlängen.
Hinweis: Es sollen dafür keine Strecken gemessen werden.

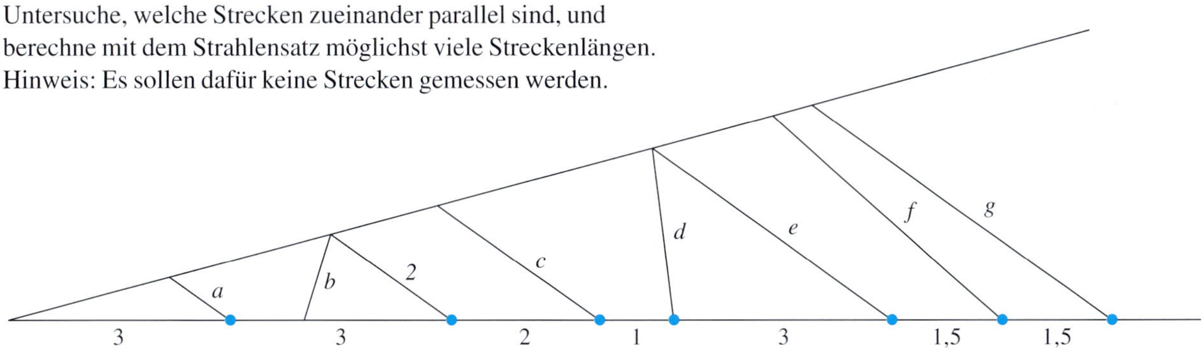

b) Wie viele zueinander ähnliche Dreiecke enthält die Figur?

Anwenden und Vernetzen

3 Gesa und Aron möchten aus 30 cm breiten, 2 cm dicken und 2,40 m langen Brettern das skizzierte symmetrische Regal bauen. An den langen Brettern am linken und rechten Rand sollen alle 40 cm Bretter befestigt werden. Insgesamt werden es vier Regalböden sein. Der kürzeste soll 34 cm lang sein.
Hinweis: Veranschauliche die Bretter bzw. das Regal mit passenden Papierstreifen.

a) Wie viele Bretter werden benötigt? Wie ist zuzuschneiden, damit ein möglichst langes Brett übrig bleibt?

b) Schätze, wie breit und wie hoch das fertige Regal sein wird.

c) Eine Farbdose ist nicht mehr voll. Ein Drittel fehlt. Auf ihr steht, dass der gesamte Inhalt für 8 m^2 reicht.
Können mit dem Farbrest die zugeschnittenen Bretter vollständig gestrichen werden?

Der Satz des Thales

▶ Grundwissen

- Wenn der Punkt C eines Dreiecks ABC auf einem Kreis liegt, der die Strecke $\overline{AB}$ als Durchmesser hat, dann hat das Dreieck bei C einen rechten Winkel. ☐ wahr ☐ falsch
- Wenn das Dreieck ABC ein rechtwinkliges Dreieck mit $\gamma = 90°$ ist, dann liegt C auf dem Kreis mit dem Durchmesser $\overline{AB}$. ☐ wahr ☐ falsch
- Genau dann, wenn C auf einem Kreis mit dem Durchmesser $\overline{AB}$ liegt, ist der Winkel BCA ein rechter Winkel. ☐ wahr ☐ falsch

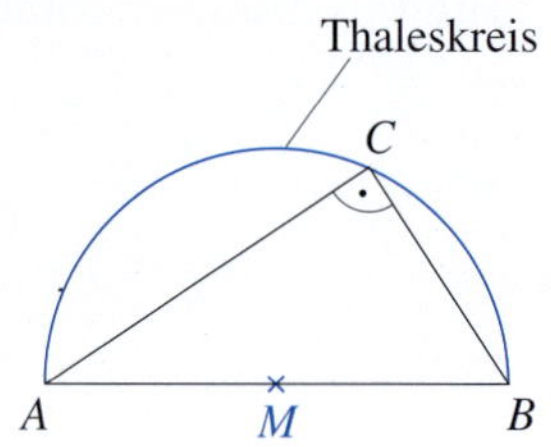

▶ Auftrag: Kreuze an. Überlege, wie eine der Entscheidungen begründet werden kann.

Trainieren

1 Zeichne drei rechtwinklige Dreiecke in den Halbkreis ein.
Markiere die rechten Winkel.

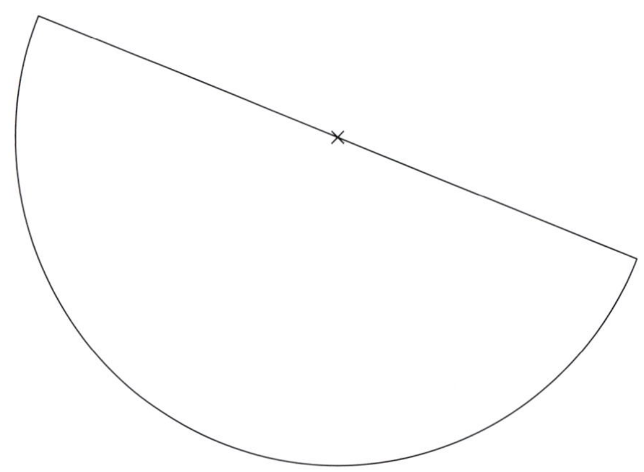

2 Überprüfe jeweils mit einem Zirkel, ob das Dreieck rechtwinklig ist.
Markiere gegebenenfalls den rechten Winkel.
Hinweis: Winkelmesser, Geodreieck und andere Hilfsmittel zum Messen rechter Winkel sind nicht zu verwenden.

a)

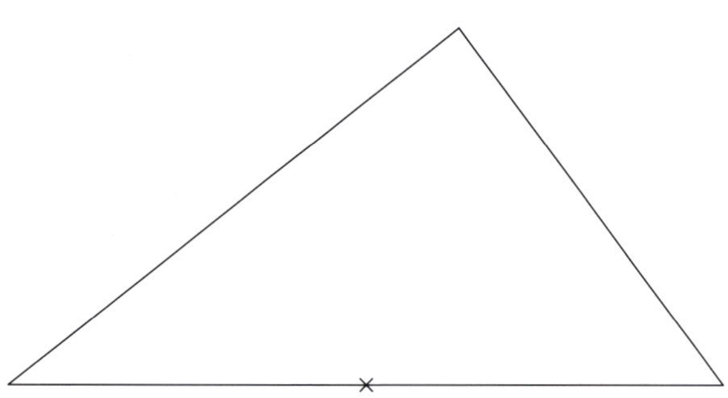

b)

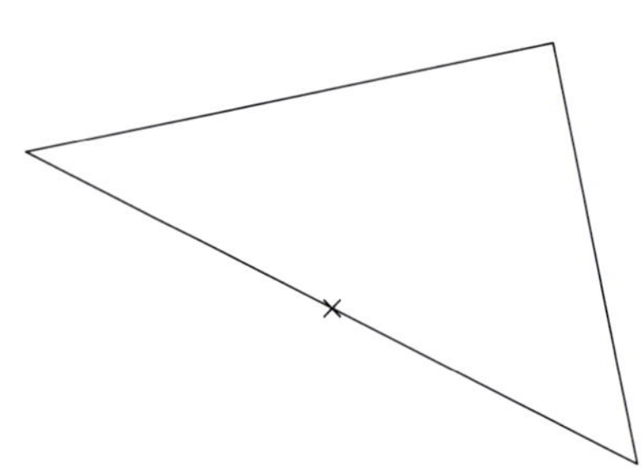

c)

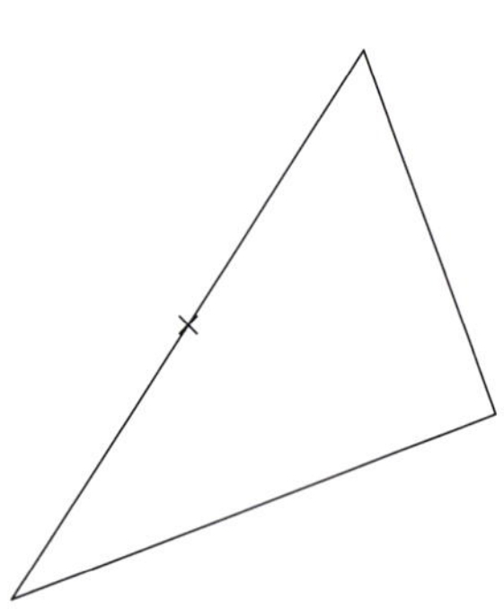

d)

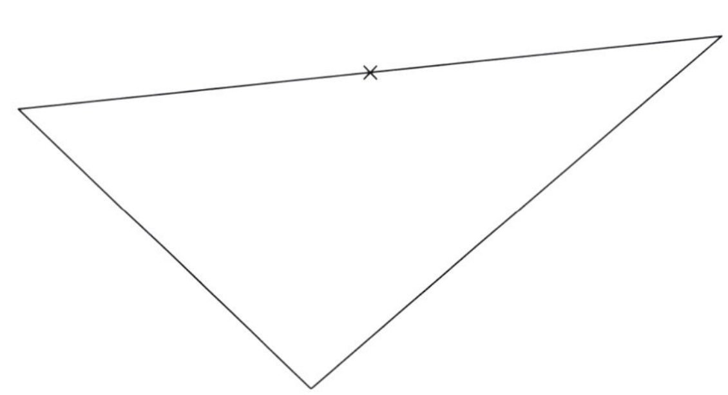

3 Die längste Seite eines rechtwinkligen Dreiecks ist 5 cm lang.
Die kürzeste Seite ist 3 cm lang.
Ermittle mithilfe einer Zeichnung die fehlende Seitenlänge.

5 cm

4 Zeichne ein rechtwinkliges Dreieck *ABC* mit …

a) $b = 5$ cm; $c = 3{,}5$ cm und $\beta = 90°$

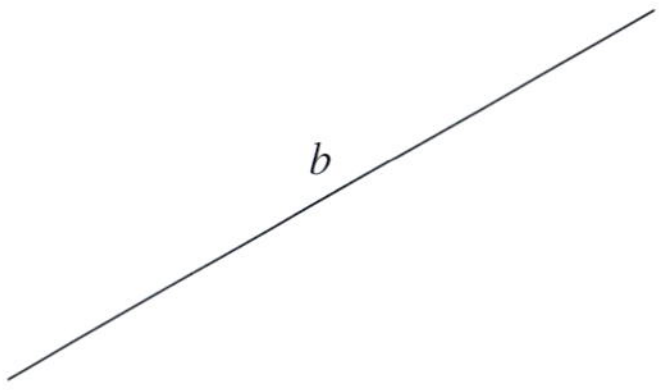

b) $a = 5$ cm; $c = 2$ cm und $\alpha = 90°$

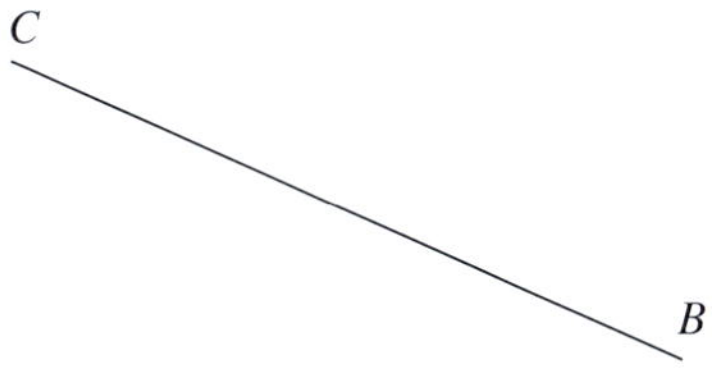

Anwenden und Vernetzen

5 Berechne alle fehlenden Winkelgrößen. Nutze dabei keine Hilfsmittel zum Messen.

a)

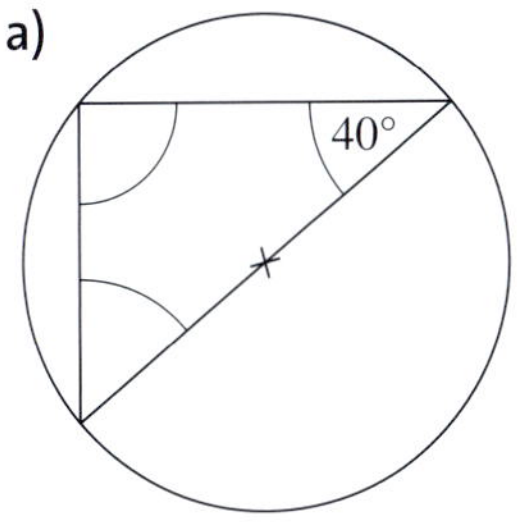

b)

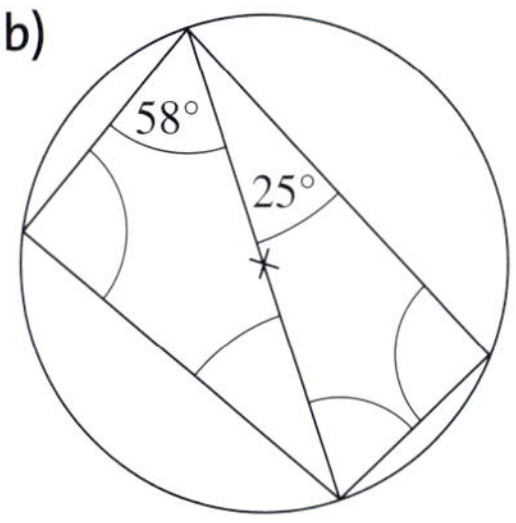

c)

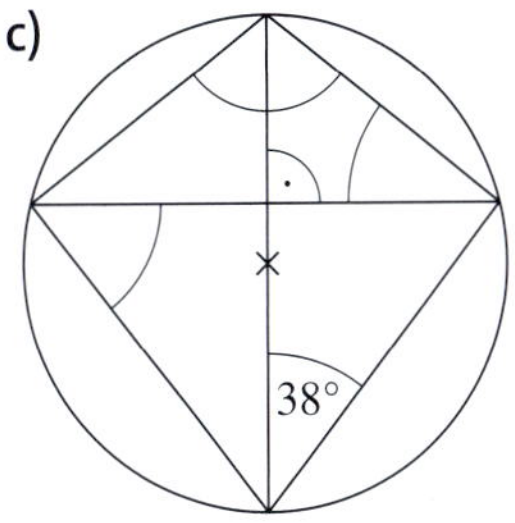

d)

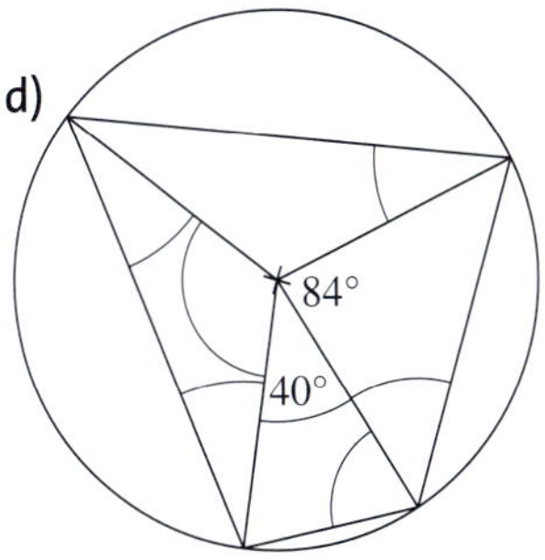

6 Beschreibe kurz, wie Mister Schnurstöckchen mithilfe einer Schnur und Stöckchen das abgesteckte Beet in ein rechteckiges Beet umwandeln könnte. Nur zwei Eckstöckchen sollen dazu versetzt werden.
Hinweise: Skizziere im Bild links die entsprechenden Schritte. Kontrolliert die Beschreibungen gegenseitig.

Rechtwinklige Dreiecke

▶ Grundwissen

- In rechtwinkligen Dreiecken heißen die Seiten, die den rechten Winkel einschließen, ____________
- Die dem rechten Winkel gegenüberliegende Seite heißt ____________

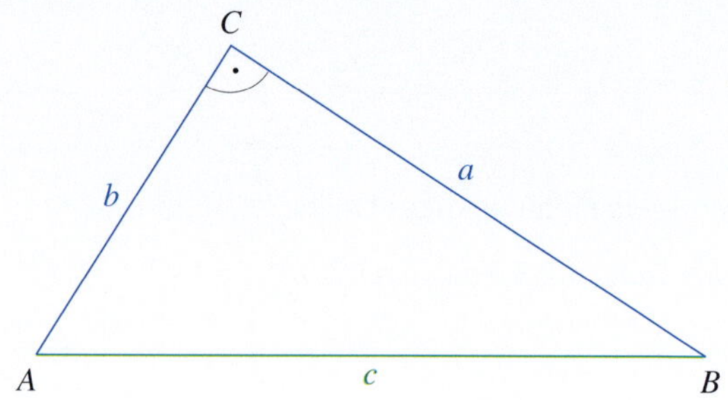

▶ Auftrag: Trage die fehlenden Fachbegriffe ein. Verwende folgende Silben. NU-HY-KA-SE-PO-THE-TE-TEN

Trainieren

1 Dreiecke mit und ohne rechten Winkel

a) Markiere den rechten Winkel in den rechtwinkligen Dreiecken.

b) Markiere mit unterschiedlichen Farben jeweils die Hypotenuse und die Katheten.

☐ Hypotenuse ☐ Kathete

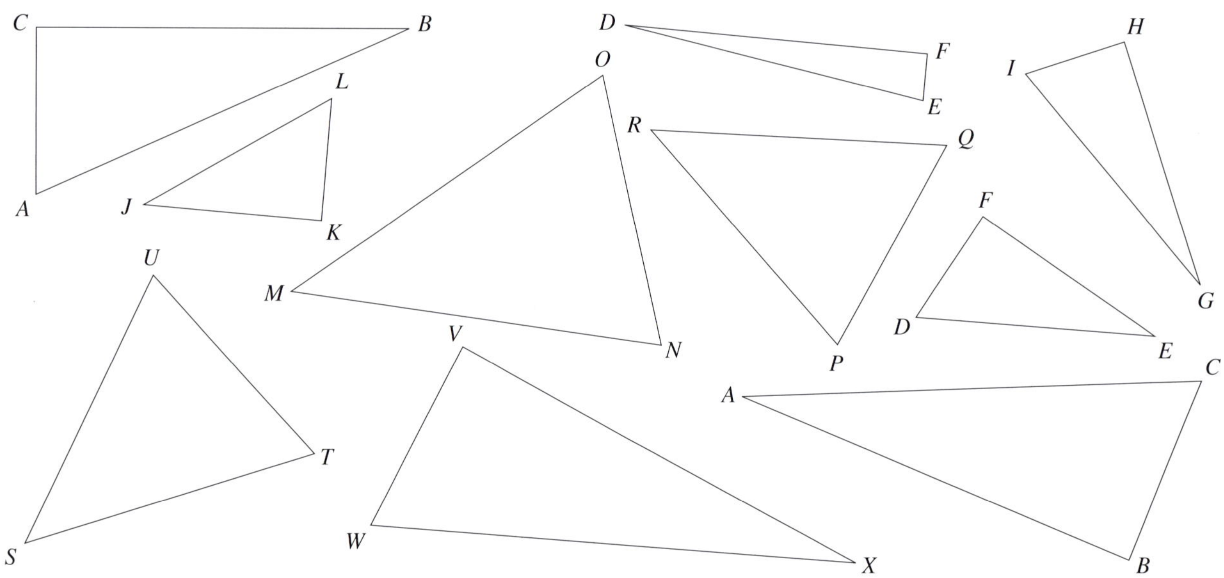

2 Ermittle durch Ergänzung der Zeichnung die Länge der dritten Seite.

a) Die Katheten sind 5,6 cm und 4,2 cm lang.

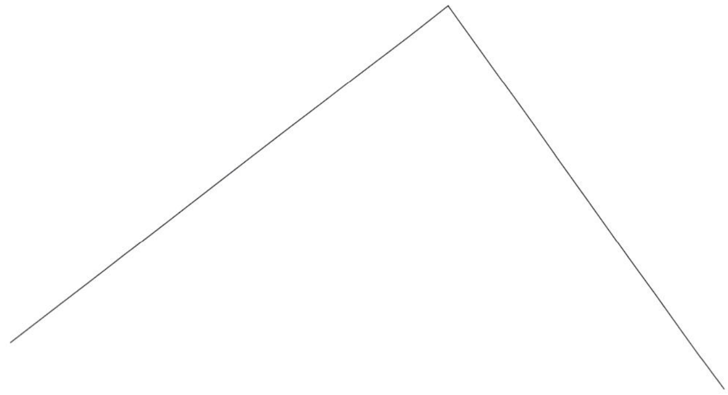

b) Die Hypotenuse ist 4 cm lang und eine Kathete 3,2 cm.

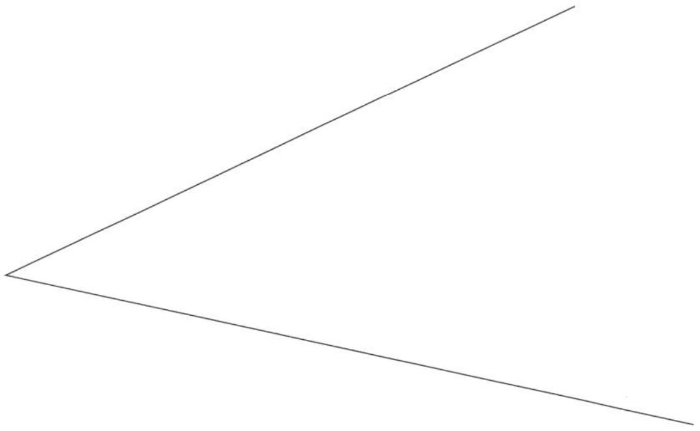

3 Markiere alle vier rechten Winkel innerhalb von Dreiecken und vervollständige die Tabelle.

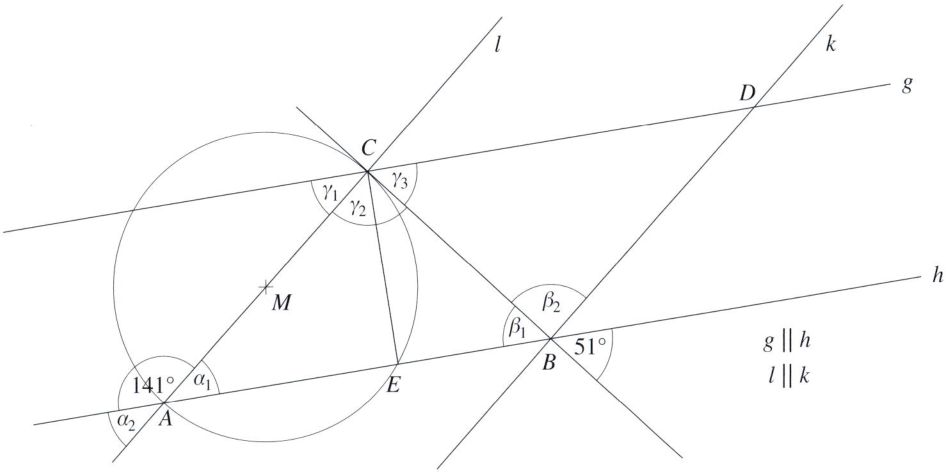

	Dreieck ABC			
Hypotenuse		$\overline{AC}$		
Katheten			$\overline{BC}$; $\overline{BD}$	$\overline{BE}$;

Anwenden und Vernetzen

4 Konstruiere ein rechtwinkliges Dreieck ABC mit …

a) Hypotenuse $c = 4\,\text{cm}$ und Höhe $h_c = 1{,}5\,\text{cm}$

b) Hypotenuse $c = 5\,\text{cm}$ und Kathete $a = 3\,\text{cm}$

c) Hypotenusenabschnitten $q = 4\,\text{cm}$ und $p = 2\,\text{cm}$ (Hinweis: $c = q + p$)

d) Gib den Flächeninhalt jedes Dreiecks an.

Der Satz des Pythagoras

▶ Grundwissen

In jedem rechtwinkligen Dreieck ist die Summe der Flächeninhalte der Quadrate über den Katheten genauso groß wie der Flächeninhalt des Quadrates über der Hypotenuse.

Formel: ____________ a und b sind Katheten. c ist die Hypotenuse.

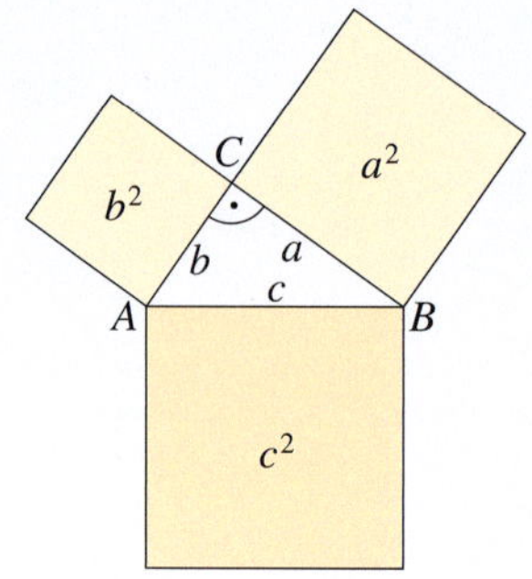

Beispiel:

$a^2 + (1{,}2\,\text{cm})^2 = (2\,\text{cm})^2 \quad | -(1{,}2\,\text{cm})^2$
$a^2 = (2\,\text{cm})^2 - (1{,}2\,\text{cm})^2$
$a = \sqrt{2{,}56\,\text{cm}^2}$
$a = 1{,}6\,\text{cm}$

▶ Auftrag: Ergänze die Formel passend zur Zeichnung.

Trainieren

1 Gib jeweils zuerst die zum Satz des Pythagoras passende Gleichung an.
Berechne danach die fehlende Seitenlänge.
Hinweis: Markiere jeweils die Hypotenuse.

a)
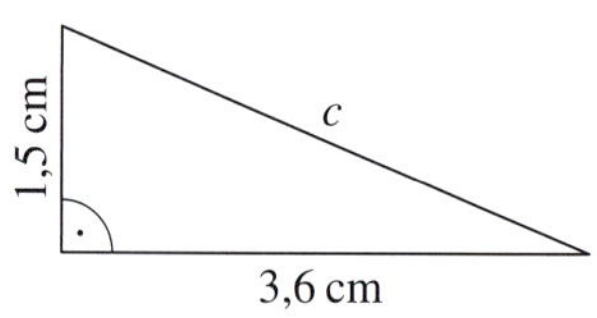

b)
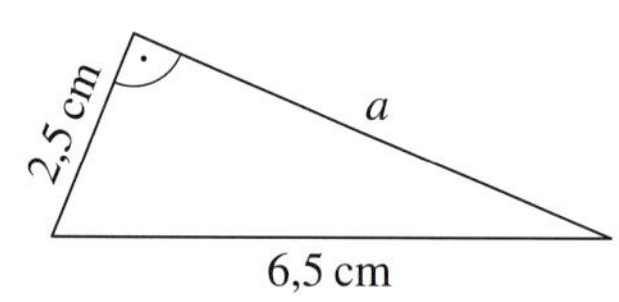

c)
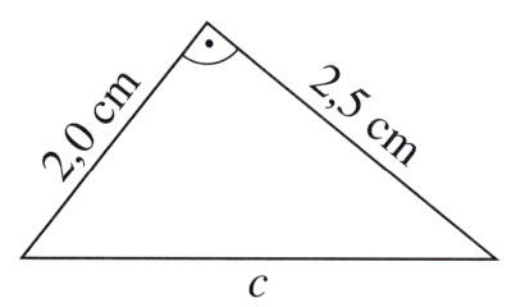

d)
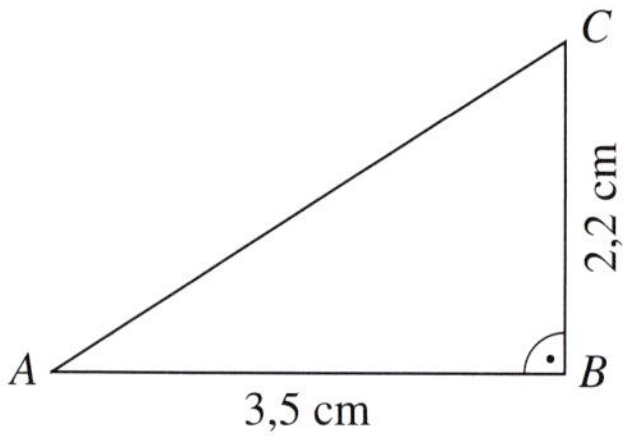

e)
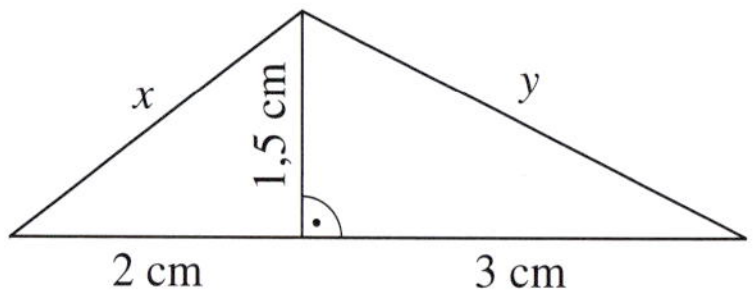

f)
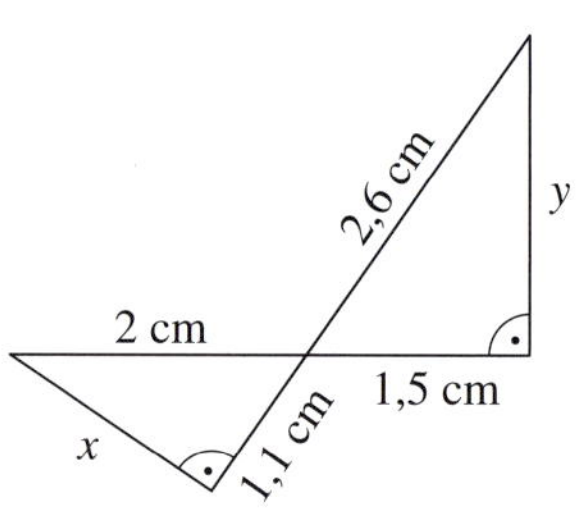

2 Kreuze alle richtig aufgestellten Gleichungen an.

a)

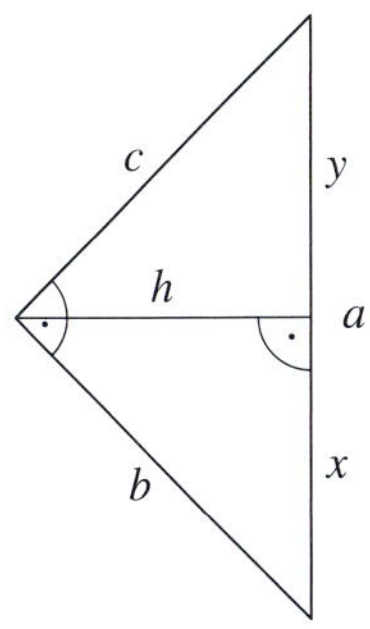

- ☐ $a^2 = c^2 + b^2$
- ☐ $b^2 = c^2 - a^2$
- ☐ $h^2 = c^2 + a^2$
- ☐ $b^2 = x^2 + h^2$
- ☐ $y = \sqrt{c^2 - h^2}$
- ☐ $x = \sqrt{b - h}$

b)

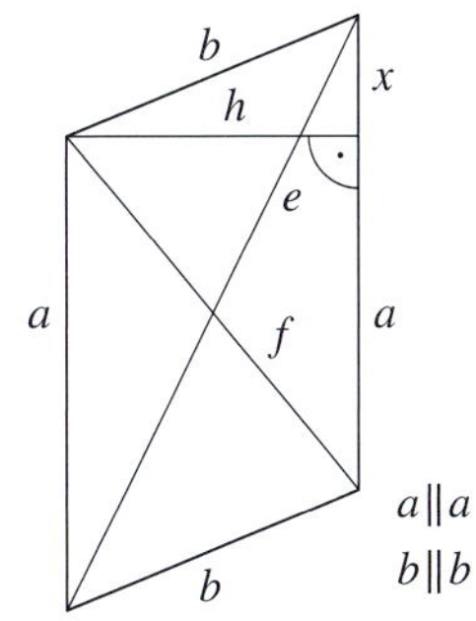

- ☐ $a^2 + b^2 = f^2$
- ☐ $h^2 + a^2 = e^2$
- ☐ $x = \sqrt{b^2 - h^2}$
- ☐ $e = \sqrt{(a - x)^2 + h^2}$
- ☐ $b^2 + \left(\frac{e}{2}\right)^2 = \left(\frac{f}{2}\right)^2$
- ☐ $e^2 = a^2 + b^2$

3 Handelt es sich um rechtwinklige Dreiecke?
Unterstreiche gegebenenfalls die Seite, die dem rechten Winkel gegenüberliegt.
Zusatzaufgabe: Ändere eine Seitenlänge, sodass ein rechtwinkliges Dreieck vorliegt.

a) $a = 0{,}5\,\text{cm}$; $b = 0{,}3\,\text{cm}$; $c = 0{,}4\,\text{cm}$	☐ rechtwinklig	☐ nicht rechtwinklig
b) $a = 1{,}2\,\text{m}$; $b = 20\,\text{dm}$; $c = 1{,}6\,\text{m}$	☐ rechtwinklig	☐ nicht rechtwinklig
c) $a = 270\,\text{m}$; $b = 450\,\text{m}$; $c = 210\,\text{m}$	☐ rechtwinklig	☐ nicht rechtwinklig
d) $a = 250\,\text{cm}$; $b = 2{,}8\,\text{m}$; $c = 24\,\text{dm}$	☐ rechtwinklig	☐ nicht rechtwinklig

Anwenden und Vernetzen

4 Unter einem 2,18 m hohen, 1,05 m breiten und 0,65 m tiefen Schrank soll Teppich verlegt werden.
Das Zimmer ist 2,40 m hoch.
Um welche Kante muss der Schrank beim Verlegen des Teppichs gekippt werden?

5 Wenn man die Kugel am Ende eines Fadenpendels 20 cm (waagerecht gemessen) zur Seite auslenkt, so gewinnt die Kugel 2 cm an Höhe. Wie lang ist das Pendel?
Hinweis: Vervollständige die Zeichnung zu einer für die Aufgabe hilfreichen Skizze.

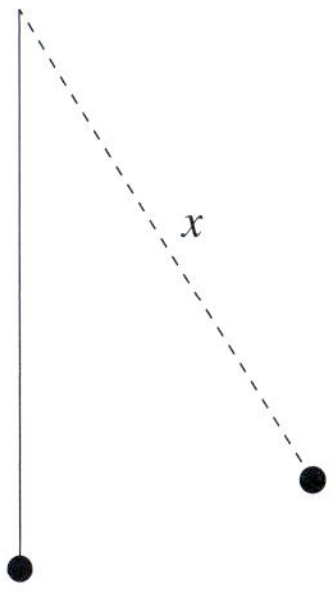

6 Berechne die Längen der Raumdiagonalen d eines Würfels mit der Kantenlänge $k = 4\,\text{cm}$.
Zusatzaufgabe: Gib eine möglichst kurze allgemeine Formel zur Berechnung der Raumdiagonalen d eines Würfels mit beliebiger Kantenlänge k an.

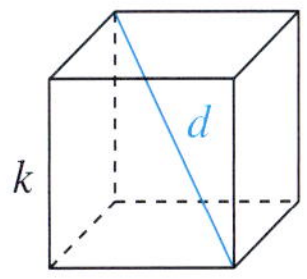

Wahrscheinlichkeiten bei Laplace-Experimenten

▶ Grundwissen

Für Zufallsexperimente, bei denen alle Ergebnisse gleichwahrscheinlich sind, gilt:

$$\text{Wahrscheinlichkeit eines Ereignisses} = \frac{\text{Anzahl der günstigen Ergebnisse}}{\text{Anzahl aller möglichen Ergebnisse}}$$

Beispiel: Würfeln keiner „1“; „2“; „3“ oder „4“

Anzahl der für das Ereignis günstigen Ergebnisse: ______________

Anzahl aller möglichen Ergebnisse: ______________

P (Würfeln keiner „1“; „2“; „3“ oder „4“) = ______________

▶ Auftrag: Ergänze das Beispiel.

Trainieren

1 Die Spieler beim „Mensch ärgere dich nicht“ haben zwei Ziele.
Sie wollen mit dem nächsten Wurf mit einem Mal Würfeln einen Stein ins Ziel bringen oder einen Stein eines Gegners „rauswerfen“. Im Zielbereich darf ein Stein übersprungen werden.

a) Welche Augenzahl ist beim nächsten Wurf demzufolge jeweils ein günstiges Ergebnis?

Günstiges Ergebnis, wenn „Gelb“ als Nächstes würfelt.

____

Günstiges Ergebnis, wenn „Schwarz“ als Nächstes würfelt.

____

Günstiges Ergebnis, wenn „Rot“ als Nächstes würfelt.

____

b) Ermittle die Wahrscheinlichkeiten.

Ein gelber Stein kommt beim nächsten Wurf im Ziel an. ______________

Ein roter Stein kommt beim nächsten Wurf im Ziel an. ______________

Ein roter Stein wirft beim nächsten Wurf einen schwarzen Stein raus. ______________

Kein schwarzer Stein kann beim nächsten Wurf bewegt werden. ______________

2 Aus einem vollständigen Skatspiel wird eine Karte gezogen.
Gib die Wahrscheinlichkeiten der Ereignisse an.

a) Eine Pik-Karte wird gezogen. ______________

b) Ein König wird gezogen. ______________

c) Eine Herz-Karte, die kein Ass ist, wird gezogen. ______________

d) Eine Herz-Karte oder eine Pik-Karte wird gezogen. ______________

3 Peter und Paul spielen mit einem 20-seitigen Spielwürfel.
Schreibe jeweils die Wahrscheinlichkeit des Ereignisses auf.
Hinweis: Schreibe die günstigen Ergebnisse auf.

a) Mit welcher Wahrscheinlichkeit fällt eine gerade Zahl?

b) Mit welcher Wahrscheinlichkeit fällt eine durch 6 teilbare Zahl?

c) Mit welcher Wahrscheinlichkeit fällt eine Zahl, die man nicht durch 7 teilen kann?

d) Mit welcher Wahrscheinlichkeit fällt eine Quadratzahl?

e) Mit welcher Wahrscheinlichkeit fällt eine Zahl, die durch 5 oder durch 8 teilbar ist?

f) Mit welcher Wahrscheinlichkeit fällt eine Primzahl?

Anwenden und Vernetzen

4 Petra und Paula wetten beim Würfeln mit einem 20-seitigen Würfel.
Petra gewinnt, wenn die Zahl größer als 12 ist. Paula gewinnt, wenn die Zahl durch 3 teilbar ist.
Ist das fair? Begründe.

5 In einer Kiste sind mehrere Karten. Auf 5 Karten ist ein Quadrat, auf 7 Karten ist ein Rechteck, auf 9 Karten ist ein unregelmäßiges Dreieck und auf 4 Karten ist ein Kreis abgebildet.
Es wird jeweils nur eine Karte aus der Kiste gezogen. Danach wird diese zurückgelegt.
Gib jeweils die Wahrscheinlichkeit des Ereignisses in drei unterschiedlichen Schreibweisen an.

a) Die Innenwinkelsumme der Figur auf der Karte beträgt 360°.

b) Eine Karte ohne Kreis wird gezogen.

c) Eine Karte mit einer symmetrischen Figur wird gezogen.

d) Die Wahrscheinlichkeit eines Ereignisses beträgt 56 %. Welches Ereignis kann dies sein?

Baumdiagramme

▶ **Grundwissen**

Mit Baumdiagrammen können mehrstufige Zufallsversuche dargestellt werden.

Beispiel:
Martin (M), Alexander (A) und Kolja (K) überlegen, wer beim Staffellauf als Erster, Zweiter bzw. Dritter startet.
Dafür veranschaulichen sie alle Möglichkeiten genau einmal.

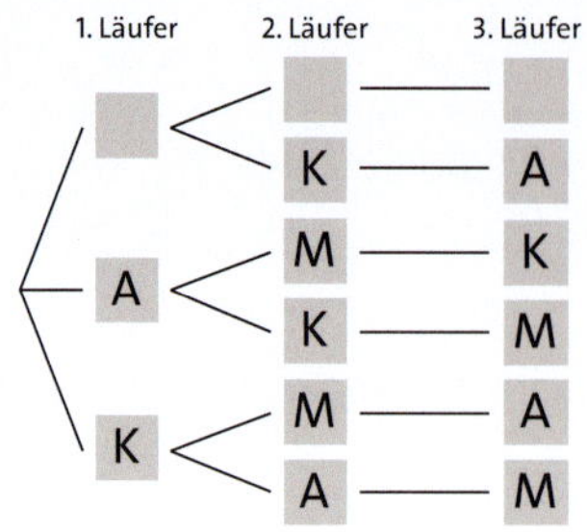

Variante 1: ______________________
Variante 2: Martin – Kolja – Alexander
Variante 3: Alexander – Martin – Kolja
Variante 4: Alexander – Kolja – Martin
Variante 5: Kolja – Martin – Alexander
Variante 6: Kolja – Alexander – Martin

▶ **Auftrag:** Ergänze Variante 1.

Trainieren

1 Jeder der drei Streifen der Flagge des Sportclubs Tricolor soll eine andere Farbe haben. Schwarz, Grün, Blau und Rot stehen zur Verfügung.

a) Veranschauliche im Baumdiagramm alle Möglichkeiten. Färbe dazu die Teile der Flaggen ein.

b) Markiere die drei am besten aussehenden Flaggen.

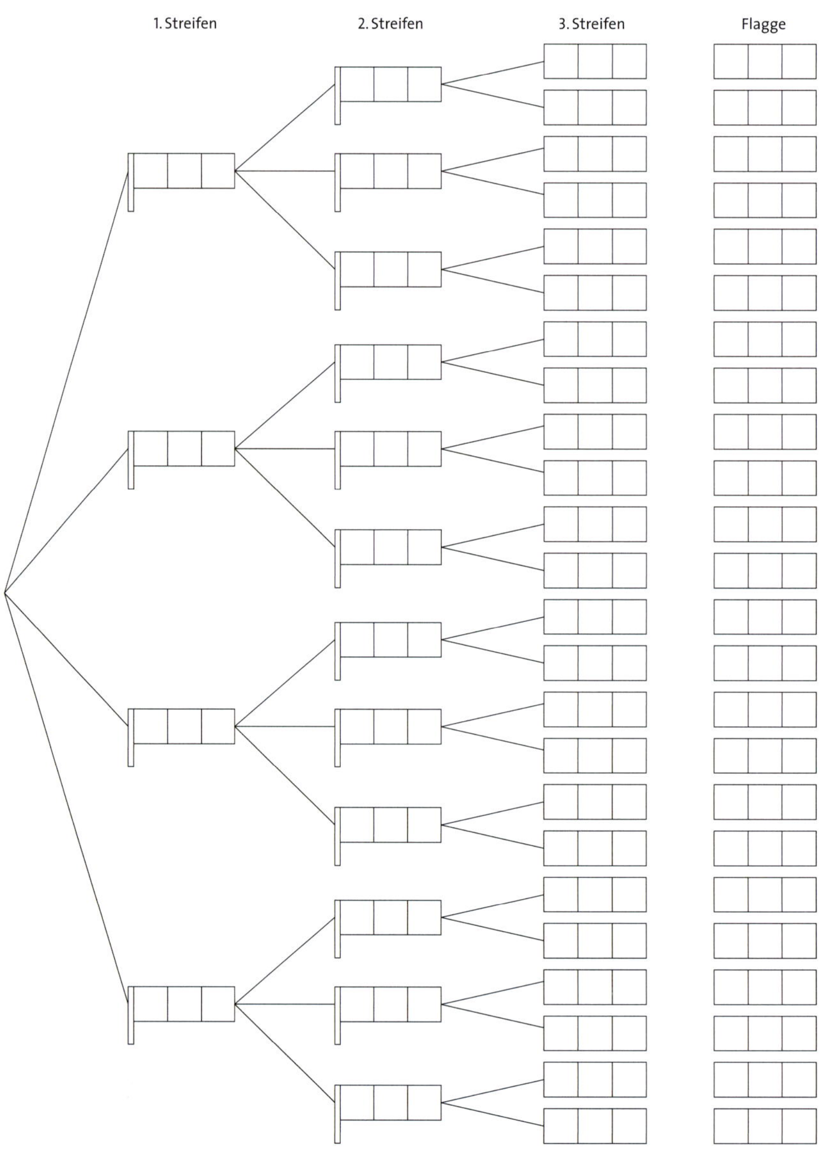

2 Anordnen von Buchstaben

a) Stelle im Baumdiagramm alle Möglichkeiten, die Buchstaben O, R und T nacheinander anzuordnen, dar. Notiere rechts daneben die Möglichkeiten und unterstreiche alle Anordnungen, die ein sinnvolles Wort ergeben.

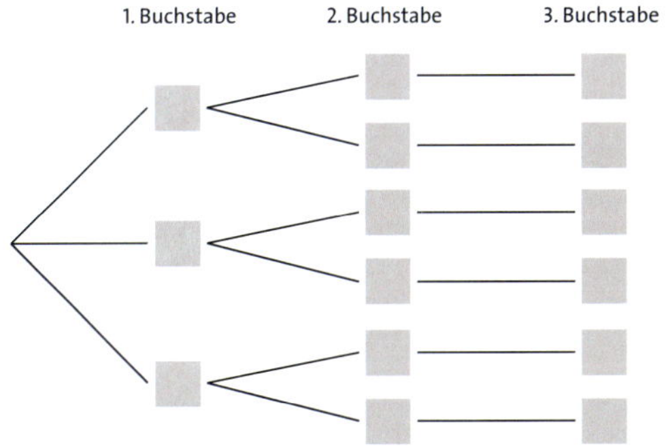

b) Wie viele Möglichkeiten gibt es, die Buchstaben O, R, T und E nacheinander anzuordnen? Begründe dein Ergebnis.

Anwenden und Vernetzen

3 Anna sagt: „Ich habe drei Geschwister. Mindestens eins davon ist ein Bruder."
Stefanie sagt: „Ich habe auch drei Geschwister. Das jüngste ist ein Bruder."

Finde mithilfe eines Baumdiagramms heraus, wer von beiden vermutlich eher mindestens zwei Brüder haben kann. Begründe deine Meinung.
Hinweis: Schreibe jeweils „J" für Bruder bzw. Junge und „M" für Schwester bzw. Mädchen.

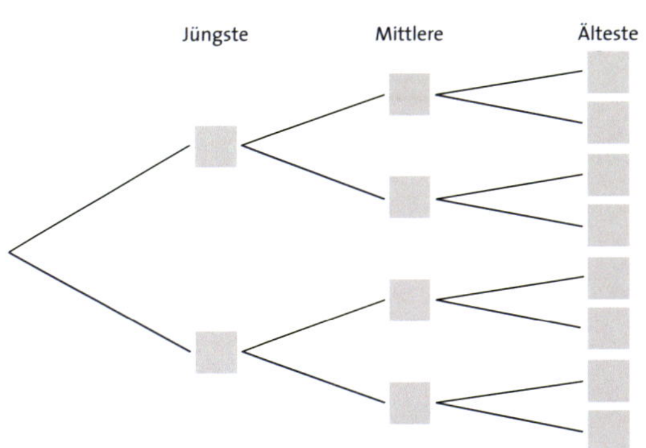

Geschwister nach dem Alter sortiert von Anna:

Geschwister nach dem Alter sortiert von Stefanie:

Pfadregeln

▶ Grundwissen

- Produktregel: Bei zweistufigen Zufallsexperimenten erhält man die Wahrscheinlichkeit eines Ergebnisses, indem man die Wahrscheinlichkeiten entlang des zugehörigen Pfades multipliziert.
- Summenregel: Bei zweistufigen Zufallsexperimenten ist die Wahrscheinlichkeit eines Ereignisses gleich der Summe der Wahrscheinlichkeiten aller Pfade, die zum Ereignis gehören.

Beispiel:
Martin (M), Alexander (A) und Kolja (K) überlegen:
Wie wahrscheinlich ist es, dass nach der Auslosung Martin als Erster und Alexander als Zweiter startet?
Wie wahrscheinlich ist es, dass nach der Auslosung Martin als Zweiter startet?

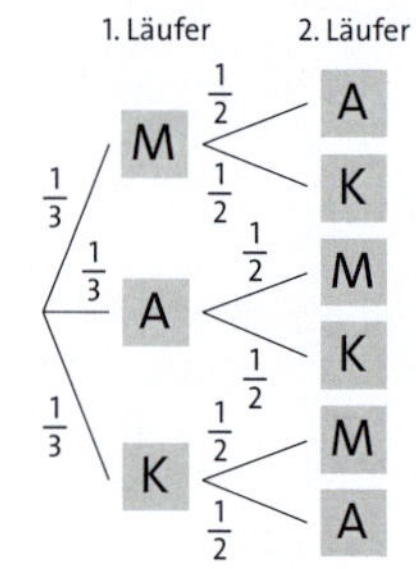

P(„Martin als Erster und Alexander als Zweiter") = ____________

P(„Martin als Zweiter") = ____________

▶ **Auftrag:** Berechne die gesuchten Wahrscheinlichkeiten.

Trainieren

1 Das Glücksrad wird zweimal gedreht.

a) Ergänze das zugehörige Baumdiagramm, die Ergebnisse und die Wahrscheinlichkeiten.

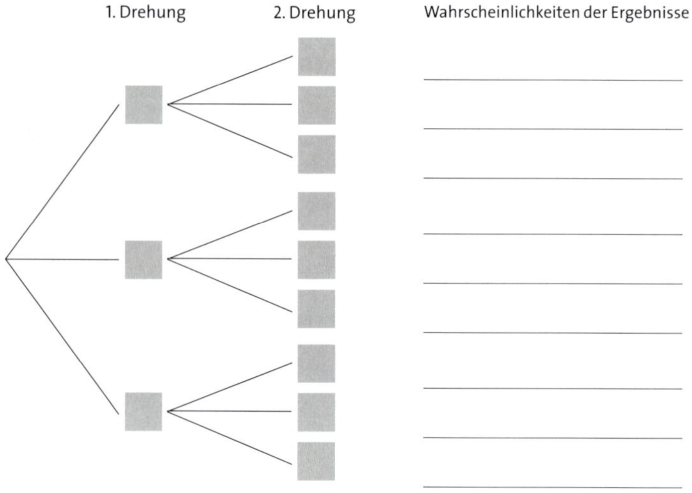

b) Vervollständige folgende Tabelle.

erzielte Summe nach zweimal Drehen					
Wahrscheinlichkeit					

c) Mit welcher Wahrscheinlichkeit ist die erzielte Summe größer als 4?

____

d) Gib ein Beispiel für ein Ereignis an, das mit der Wahrscheinlichkeit 0 eintritt.

____

2 Eine 50-Cent-Münze und ein Spielwürfel mit den Augenzahlen 1 bis 6 fallen gleichzeitig zu Boden.

a) Vervollständige das Baumdiagramm so, dass alle möglichen Ergebnisse leicht ablesbar sind.

b) Gib die entsprechenden Wahrscheinlichkeiten an.

A: „Wappen und eine Zahl, die größer als 4 ist"

B: „50 Cent und eine Zahl, die kleiner bzw. gleich 3 ist"

c) Gib ein Experiment (ohne Spielwürfel und Münze) an, das auch durch den Baum von Teilaufgabe **a** beschrieben wird. Hinweis: Kontrolliert die Beschreibungen gegenseitig.

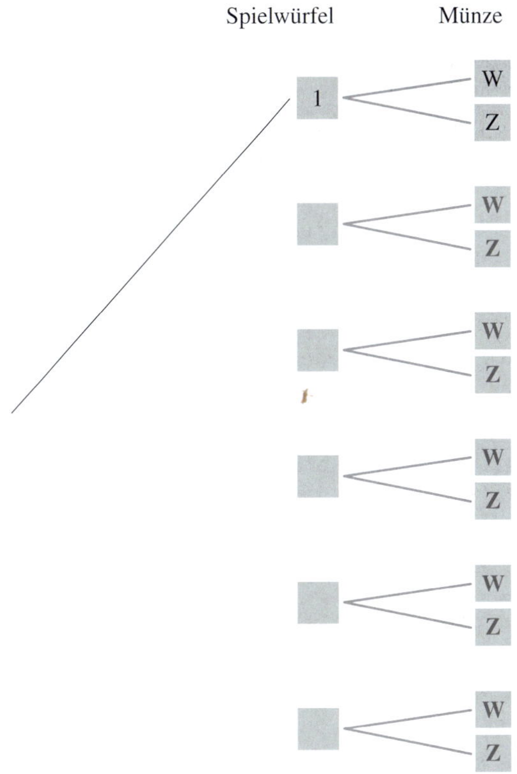

Anwenden und Vernetzen

3 Micha Steiger übte im Training Elfmeterschießen. Er schoss jeweils dreimal hintereinander. Der Trainer notierte alle Ergebnisse und erstellte die abgebildete Erfolgsstatistik.

Schuss	1	2	3
Wahrscheinlichkeit für einen Treffer	90 %	75 %	70 %

a) Erstelle ein vollständig beschriftetes Baumdiagramm. Trage darin die Wahrscheinlichkeiten ein. Hinweis: „T" steht für „Treffer" und „N" für „kein Tor".

b) Mit welcher Wahrscheinlichkeit trifft Steiger dreimal hintereinander?

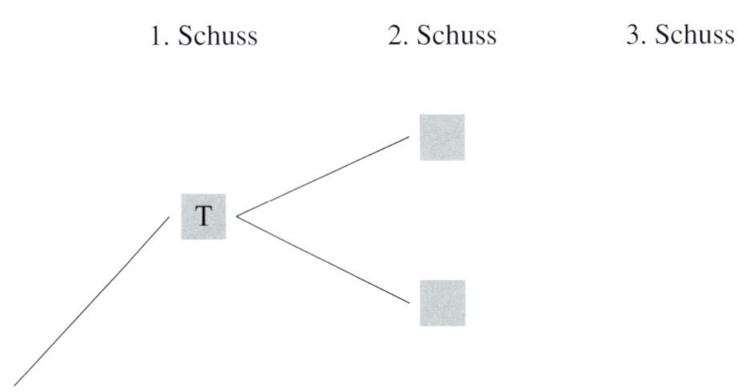

c) Schreibe das Ereignis E_1: „Er schießt höchstens ein Tor" als Menge und berechne $P(E_1)$.

d) Der Ball eines Profifußballers fliegt mit ca. 100 $\frac{km}{h}$. Überschlage, wie lange er für 11 m benötigt.

Umfang eines Kreises

▶ Grundwissen

- Der Quotient von Umfang u und Durchmesser d ist bei allen Kreisen gleich. $u : d = \pi \approx 3{,}14$
- Für den Umfang u eines Kreises gilt: $u = \pi \cdot d$

  $u =$ __________

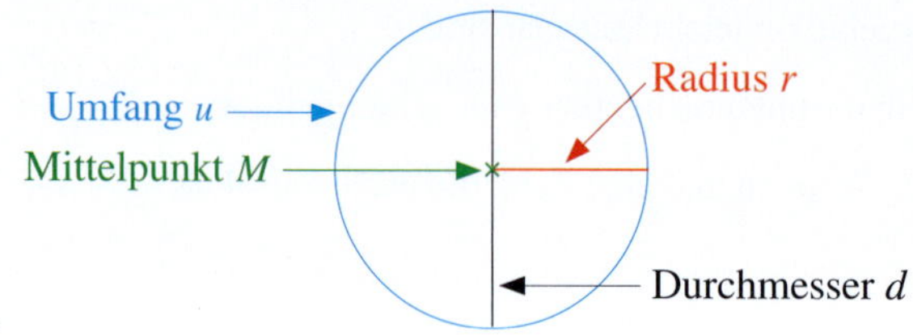

▶ Auftrag: Stelle eine Formel zur Berechnung des Umfangs u mithilfe des Radius r auf.

Trainieren

1

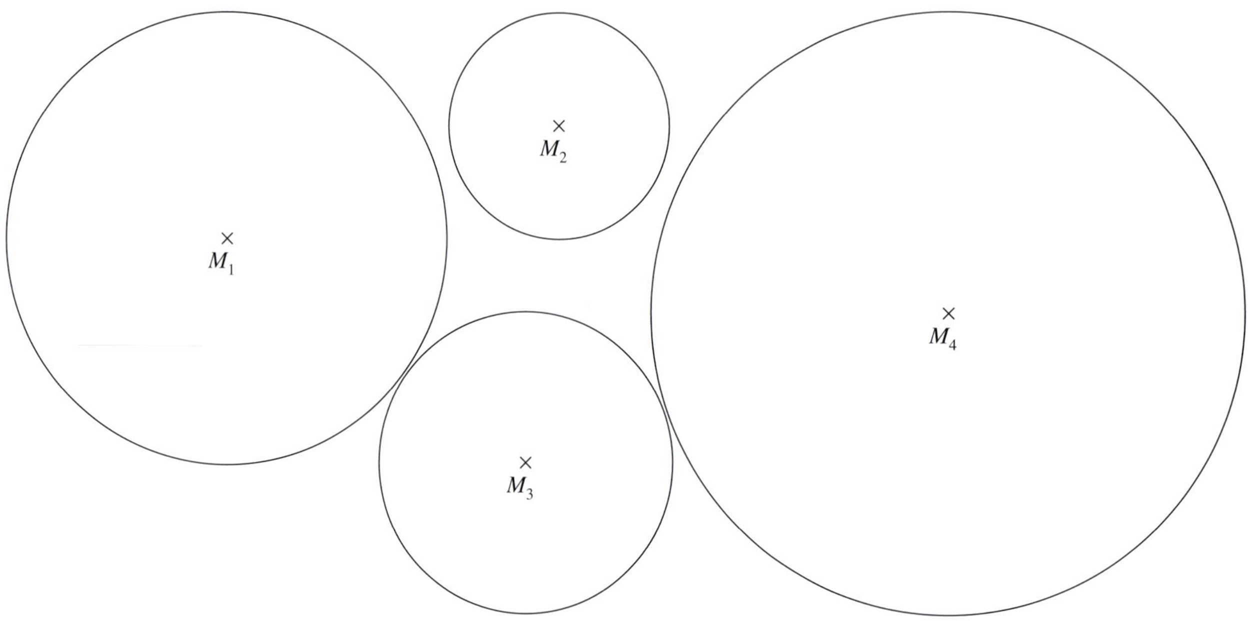

a) Die Umfänge der Kreise wurden geschätzt. Ermittle, ohne zu messen, jeweils den besseren Schätzwert. Kreuze ihn an.

Kreis um M_1 ☐ 20 cm ☐ 25 cm

Kreis um M_2 ☐ 10 cm ☐ 15 cm

Kreis um M_3 ☐ 9 cm ☐ 12 cm

Kreis um M_4 ☐ 16 cm ☐ 24 cm

b) Berechne jeweils mithilfe des Durchmessers den Umfang. Runde auf Hundertstel.

$u_1 =$ __________ $u_2 =$ __________ $u_3 =$ __________ $u_4 =$ __________

2 Berechne die fehlenden Werte. Runde auf Hundertstel.

Durchmesser	10,00 cm			237,00 mm		
Radius		0,14 m			11,40 dm	
Umfang			17,28 km			25,76 dm

3 Von oben gesehen sind folgende Objekte Kreise. Ordne diesen den entsprechenden Umfang zu.

Münze | Mittelkreis eines Fußballfeldes | Rad eines Fahrrades | Teller | Longdrinkglas

1,95 dm | 57,8 m | 7,23 cm | 2,17 m | 75,4 cm | 37,15 cm

4 Berechne jeweils den Umfang der gelben Flächen. Miss dazu benötigte Streckenlängen.

a) 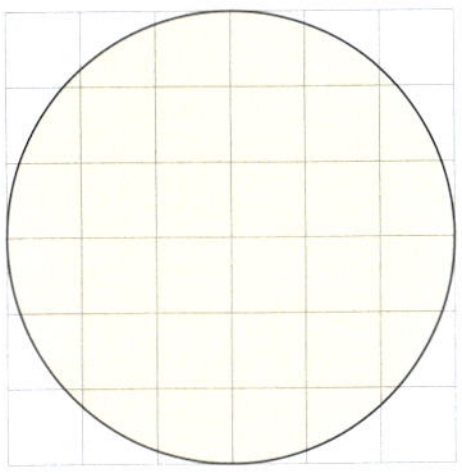

Umfang:

b) 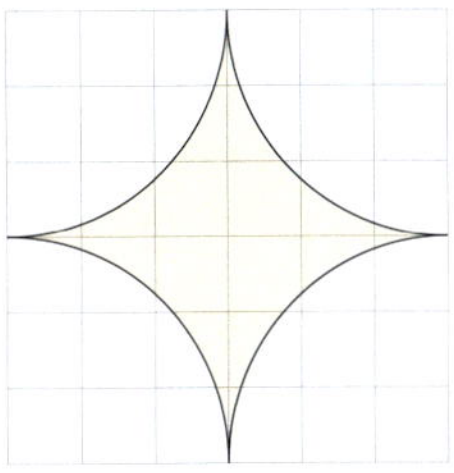

Umfang:

c) 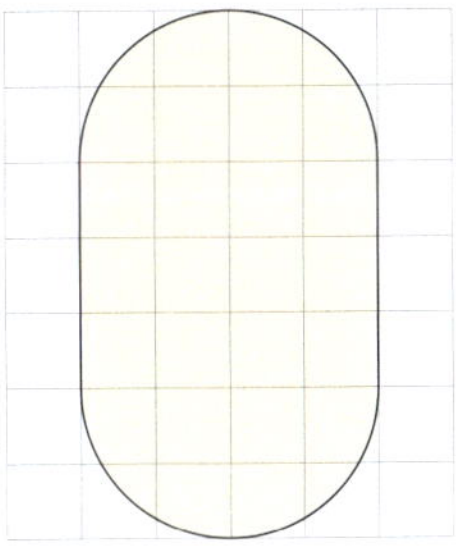

Umfang:

d) 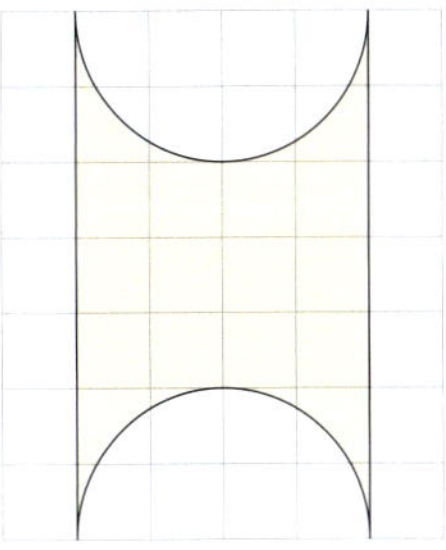

Umfang:

5 Kann mit einem 20 m langen Seil ein Kreis mit 6 m Durchmesser gelegt werden?
Begründe kurz deine Antwort.

Anwenden und Vernetzen

6 Die abgebildete Figur wurde nur mit einem Zirkel gezeichnet.
Der weiße Kreis hat einen Durchmesser von 1,2 cm.

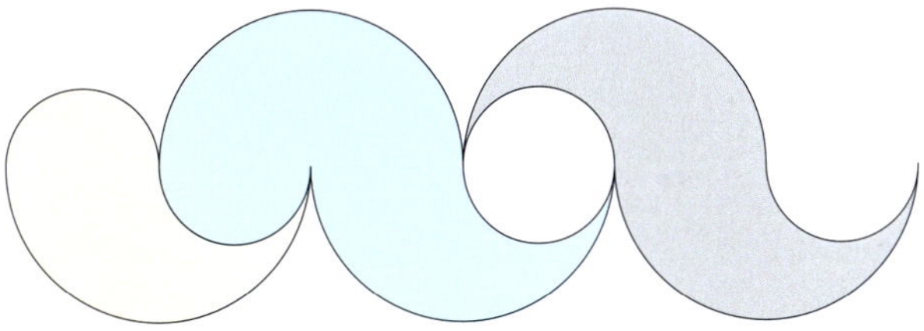

a) Zeichne die Figur im Maßstab 2 : 1.

b) Berechne von der Figur im Maßstab 2 : 1 jeweils den Umfang folgender Teilfiguren.
Zusatzaufgabe: Prüfe mithilfe einer Schnur, ob deine Ergebnisse bei Teilaufgabe **b** richtig sein können.

weißer Kreis

blaue Fläche

graue Fläche

gelbe Fläche

Kreisfläche

▶ Grundwissen

Der Flächeninhalt A eines Kreises mit dem Radius r lässt sich mit folgender Formel berechnen.

$A = r^2 \cdot \pi$

$A =$ ________________

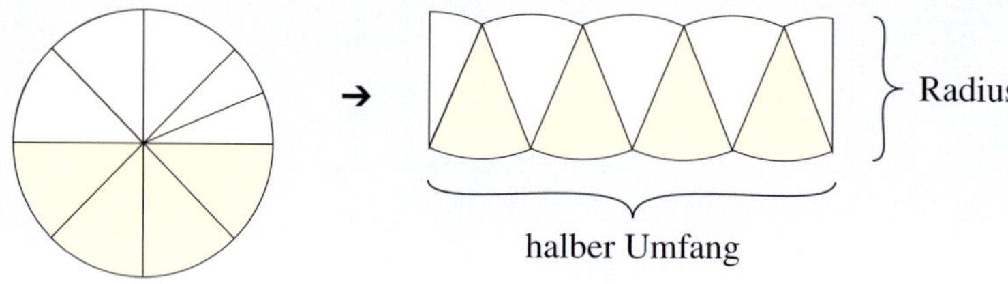

▶ Auftrag: Stelle eine Formel zur Berechnung des Flächeninhalts A mithilfe des Durchmessers d auf.

Trainieren

1

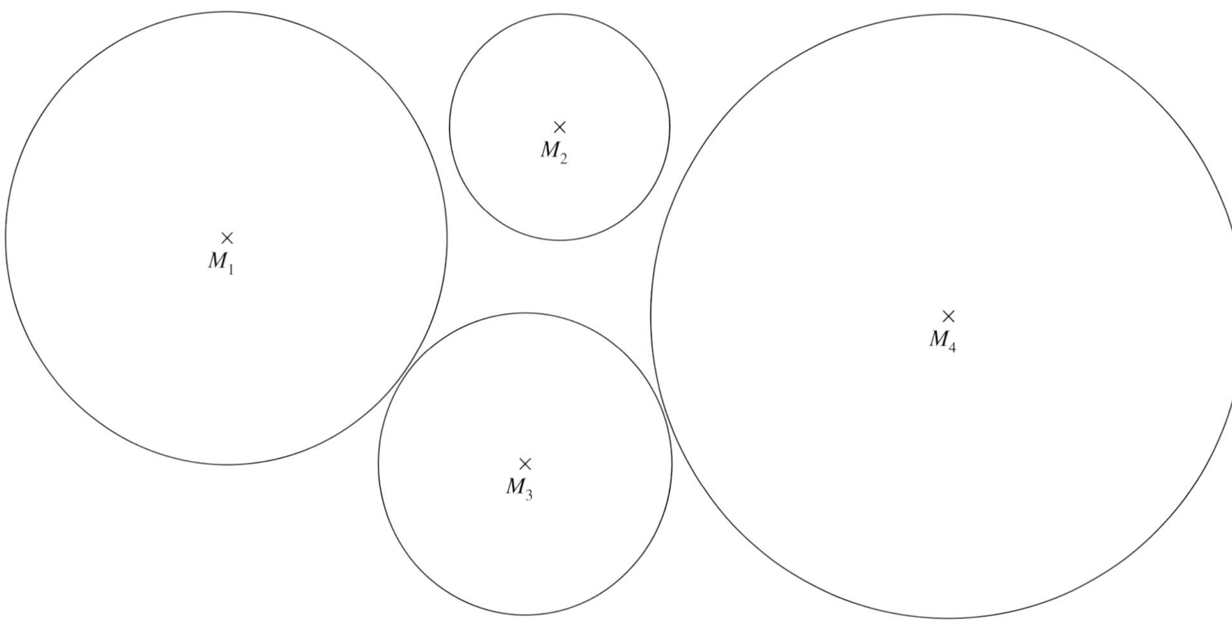

a) Die Flächeninhalte der Kreise wurden geschätzt.
Ermittle, ohne zu messen, jeweils den besseren Schätzwert. Kreuze ihn an.

Kreis um M_1 ☐ 27 cm² ☐ 45 cm²
Kreis um M_2 ☐ 6 cm² ☐ 7 cm²
Kreis um M_3 ☐ 6 cm² ☐ 12 cm²
Kreis um M_4 ☐ 48 cm² ☐ 78 cm²

b) Berechne jeweils mithilfe des Radius den Flächeninhalt. Runde auf Hundertstel.

$A_1 =$ ________ $A_2 =$ ________ $A_3 =$ ________ $A_4 =$ ________

2 Berechne die fehlenden Werte. Runde auf Hundertstel.

Durchmesser		0,28 m		23,7 m		
Radius	5,00 cm					4,1 dm
Flächeninhalt			23,76 km²		4,52 dm²	

3 Von oben gesehen sind folgende Objekte Kreise. Schätze, wie groß die entsprechenden Flächeninhalte sind.

a) 1-Euro-Münze ________

b) Mittagsteller ________

c) Tischtennisball ________

d) Mittelkreis eines Fußballfeldes ________

4 Berechne jeweils den Flächeninhalt der gelben Flächen. Miss dazu benötigte Streckenlängen.
Hinweis: Prüfe mithilfe der Kästchen, ob deine Ergebnisse stimmen können.

a) 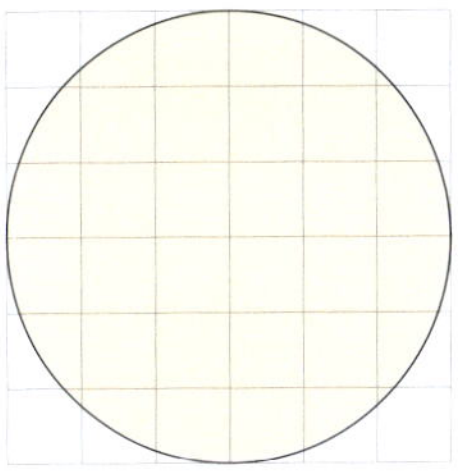 Flächeninhalt:

b) 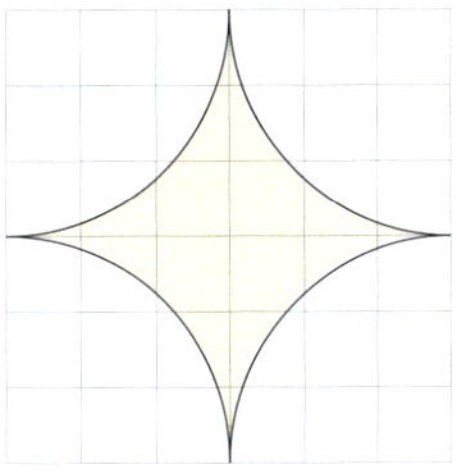 Flächeninhalt:

c) 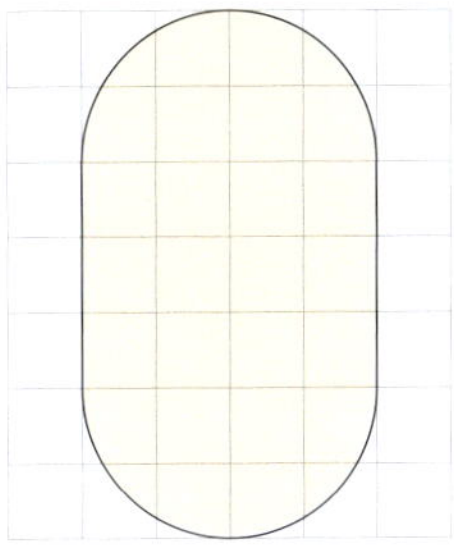 Flächeninhalt:

d) 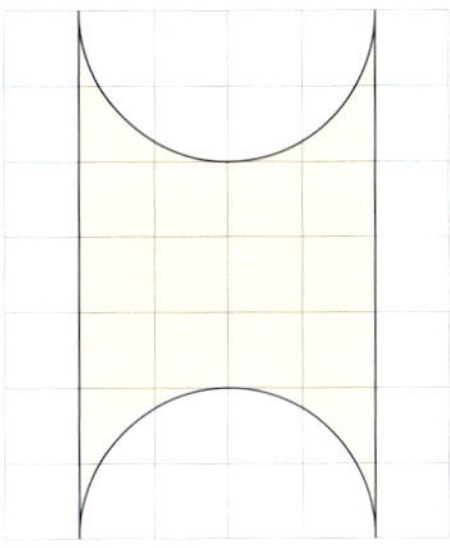 Flächeninhalt:

5 Mit einer 16 cm langen Schnur wurde zuerst ein Quadrat und danach ein Kreis gelegt.
Welche der beiden Figuren hatte den größeren Flächeninhalt?

Anwenden und Vernetzen

6 Die Zuschauerplätze einer Freilichtbühne sind auf einer halbkreisförmigen Fläche mit 42,00 m Durchmesser angeordnet.
Pro Zuschauer wird ein Platzbedarf von $0{,}60\,m^2$ angenommen.
Wie viele Eintrittskarten können verkauft werden?

7 Bei der Restauration einer Kirche soll das folgende Ornament nachgezeichnet werden.
Für einen Quadratmeter benötigt man 0,8 l Farbe.

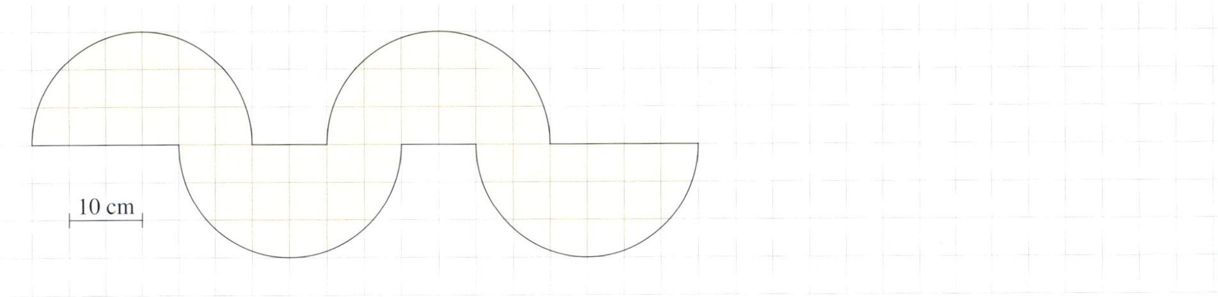

a) Berechne zuerst den Farbverbrauch für den abgebildeten Teil des Ornamentes. Setze es danach bis zum Rand fort.
Hinweis: Beachte den Maßstab.

b) Zusatzaufgabe: Ergänze weitere Elemente im Ornament und ermittle den Farbverbrauch.

Kreisteile

▶ Grundwissen

Flächeninhalt eines Kreisrings
$A_R = \pi \cdot r_a^2 - \pi \cdot r_i^2$

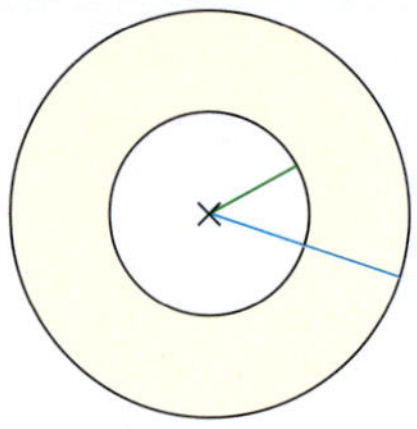

Flächeninhalt eines Kreissektors
$A_S = \frac{\alpha}{360°} \cdot \pi \cdot r^2$

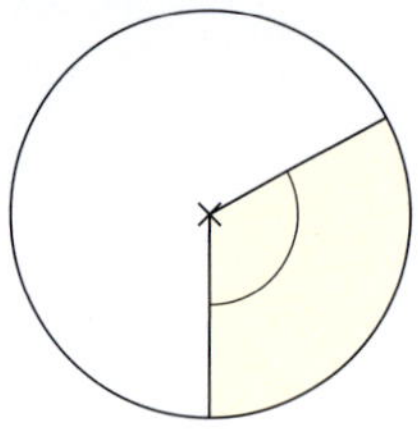

Länge eines Kreisbogens
$b = \frac{\alpha}{360°} \cdot \pi \cdot d$

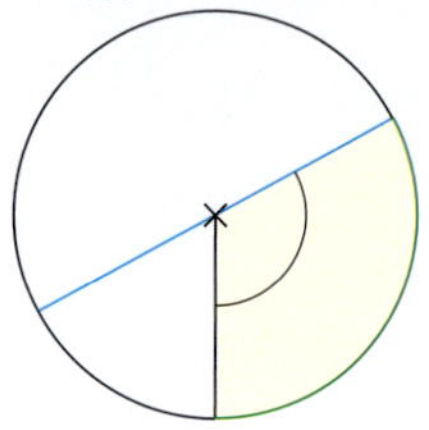

Beispiele:

$A_R = \pi \cdot (1{,}4\,\text{cm})^2 - \pi \cdot (0{,}7\,\text{cm})^2$

$A_R \approx$ ______________________

$A_S = \frac{120°}{360°} \cdot \pi \cdot (1{,}4\,\text{cm})^2$

____

$b = \frac{120°}{360°} \cdot \pi \cdot 2{,}8\,\text{cm}$

____

▶ **Auftrag:** Ergänze α; A_R; A_S; b; d; r; r_a; r_i in den Zeichnungen und berechne die Ergebnisse.

Trainieren

1 Kreuze zuerst die kleinste(n) gelbe(n) Fläche(n) an und berechne danach die Flächeninhalte.

① ☐

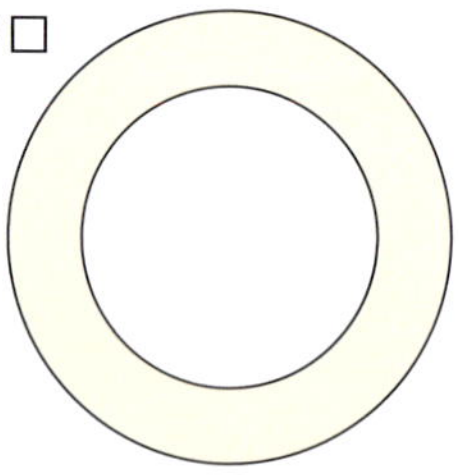

② ☐

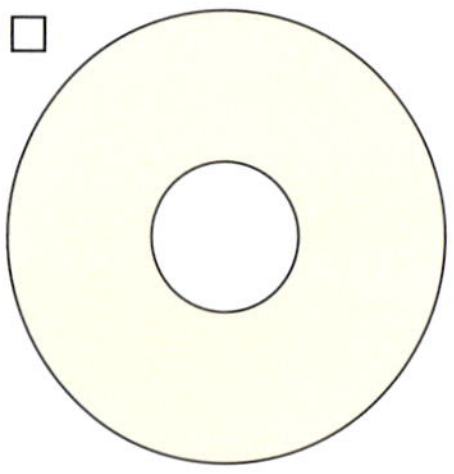

③ ☐

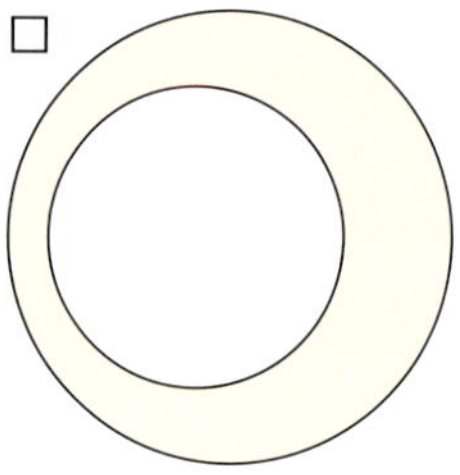

④ ☐

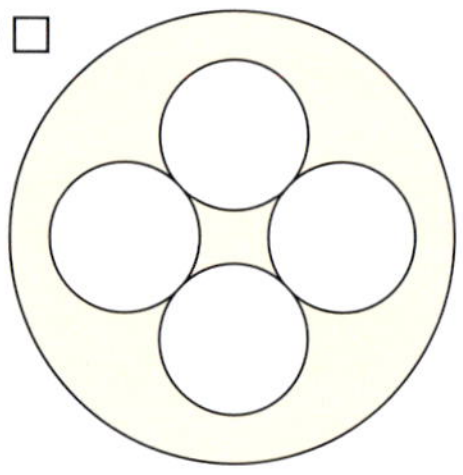

____

____

2 Ergänze für einen Kreis mit einem Radius von einem Dezimeter die Tabelle.

Mittelpunktswinkel	180°			270°		
Bogenlänge		$\frac{1}{2} \cdot \pi$ dm			$\frac{3}{4} \cdot \pi$ dm	
Flächeninhalt des Kreisausschnittes			$\frac{1}{8} \cdot \pi\,\text{dm}^2$			$\frac{5}{8} \cdot \pi\,\text{dm}^2$

3 Ordne die Mittelpunktswinkel, die Flächeninhalte der Kreissektoren und die Längen der Kreisbögen zu.

Halbkreis mit $r = 10$ m | Viertelkreis mit $r = 12$ m | Zehntelkreis mit $d = 12$ m | Zwölftelkreis mit $d = 14$ m

$\alpha = 90°$ | $\alpha = 36°$ | $\alpha = 180°$ | $\alpha = 120°$ | $\alpha = 30°$ | $\alpha = 75°$

$A_S \approx 157{,}08\,\text{m}^2$ | $A_S \approx 11{,}30\,\text{m}^2$ | $A_S \approx 12{,}83\,\text{m}^2$ | $A_S \approx 113{,}10\,\text{m}^2$ | $A_S \approx 173{,}10\,\text{m}^2$

$b \approx 18{,}85$ m | $b \approx 31{,}42$ m | $b \approx 3{,}67$ m | $b \approx 15{,}14$ m | $b \approx 3{,}77$ m

4 Kreisausschnitte

a) Berechne jeweils die Bogenlänge und den Flächeninhalt der Kreisausschnitte.

b_1 = ______

b_2 = ______

b_3 = ______

b_4 = ______

A_{S1} = ______

A_{S2} = ______

A_{S3} = ______

A_{S4} = ______

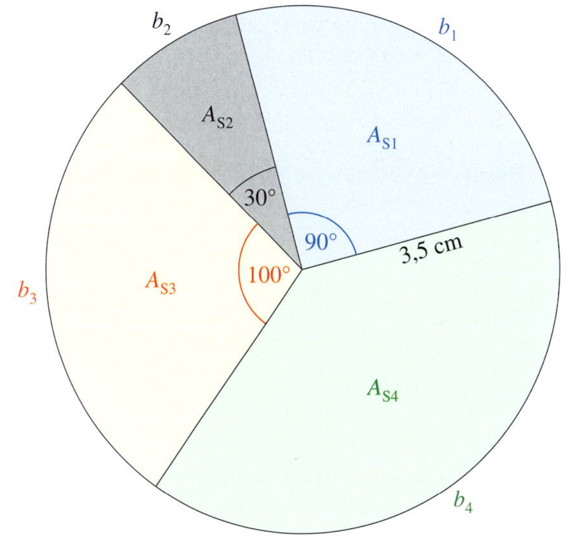

b) Berechne den Flächeninhalt und den Umfang des Kreises.
Überprüfe damit, ob deine Ergebnisse bei Teilaufgabe **a** stimmen können. Addiere sie.

______

______

______

Anwenden und Vernetzen

5 Christoph warf drei Pfeile.

a) Ermittle die erreichte Punktzahl.

______

______

b) Ermittle die Flächeninhalte der getroffenen Felder.
Runde auf volle Quadratmillimeter.
Zusatzaufgabe: Prüfe, ob die Punktzahl etwa proportional zur Flächengröße ist.

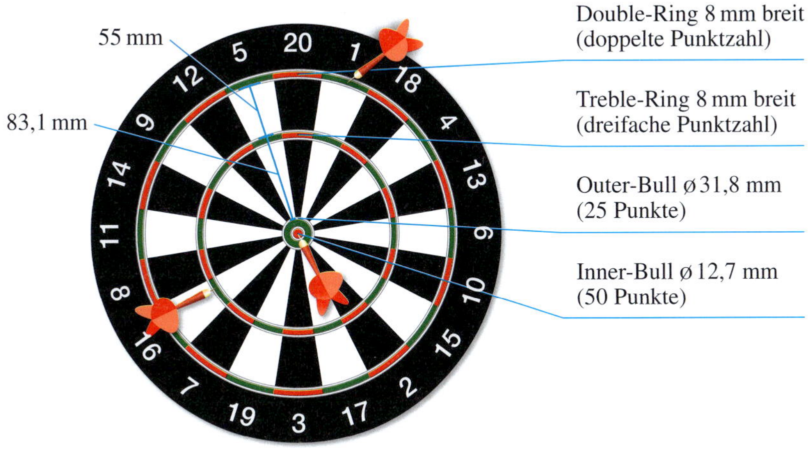

______

______

______

6 Berechne den Mittelpunktswinkel und den Flächeninhalt eines Kreisausschnittes mit einem Radius von 8 cm und einer Bogenlänge von 15 cm.

______

______

Zylinder erkennen und zeichnen

▶ Grundwissen

- Gerade Zylinder sind Körper mit einem Kreis als Grund- und Deckfläche. Grund- und Deckfläche sind zueinander parallel und kongruent.
- Die Seitenfläche ist gekrümmt und ergibt abgerollt ein Rechteck.
- Der Abstand zwischen Grund- und Deckfläche ist die Höhe des Zylinders.

Beispiel: Schrägbilder verschiedener Zylinder

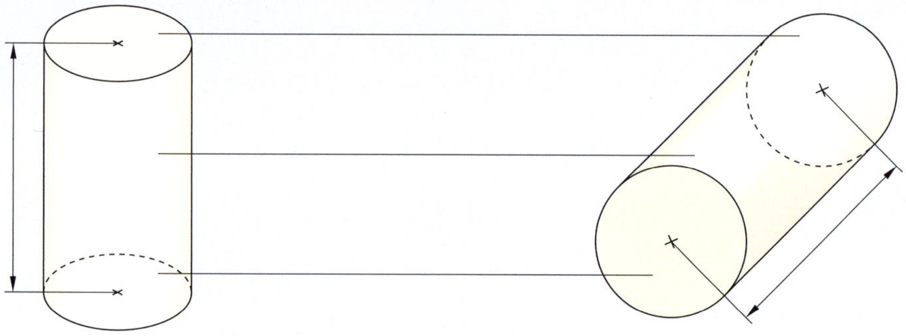

▶ Auftrag: Ergänze die Fachbegriffe.

Trainieren

1 Teile mit der Form eines Zylinders

a) Wie viele zylinderförmige Holzteile wurden anscheinend verbaut? ______

b) Wie viele Grund- bzw. Deckflächen zylinderförmiger Holzteile sind ganz oder teilweise auf dem Foto zu sehen? ______

c) Das Flugzeug ist ca. 15 cm lang. Welches zylinderförmige Teil ist etwa 5 mm hoch? ______

d) Woran erkennt man, dass der Flugzeugrumpf kein Zylinder ist?

______

______

2 Zylinder im Alltag

a) Kreuze alle Gegenstände an, die oft die Form eines Zylinders haben.

☐ geschlossene Konservendose	☐ neuer, nicht angespitzter Bleistift	☐ Kugelschreiber
☐ Säulen an alten Gebäuden	☐ Besenstiel	☐ Milchverpackung

b) Nenne fünf zylinderförmige Gegenstände aus deiner Umgebung.

______

______

______

3 Ein zylinderförmiger Körper wurde von oben fotografiert (in der Draufsicht). Was kann auf dem Foto zu sehen sein? Kreuze an.

☐ Kreis ☐ Dreieck ☐ Viereck ☐ Fünfeck ☐ Rechteck ☐ Quadrat

4 Ergänze zu Schrägbildern von gleich großen Kreidestücken und gib deren Maße an.
Hinweis: Zeichne die passenden Kreise wie im Grundwissen.

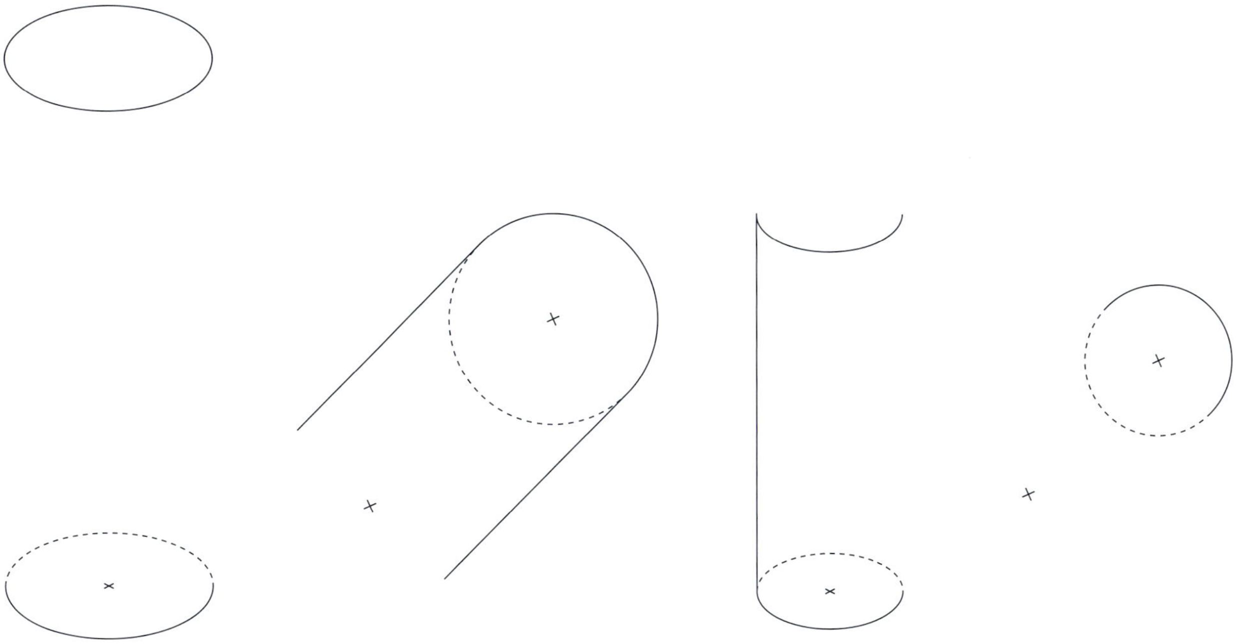

Höhe des Zylinders: ______ Höhe des Zylinders: ______

Radius der Grundfläche: ______ Radius der Grundfläche: ______

Anwenden und Vernetzen

5 Von mehreren Grundformen von Körpern wurden die Sicht von oben (Draufsicht) und die von der Seite (Seitenansicht) im Maßstab 1 : 1 abgebildet. Abbildungen mit der gleichen Nummer gehören zum gleichen Körper.

Draufsichten

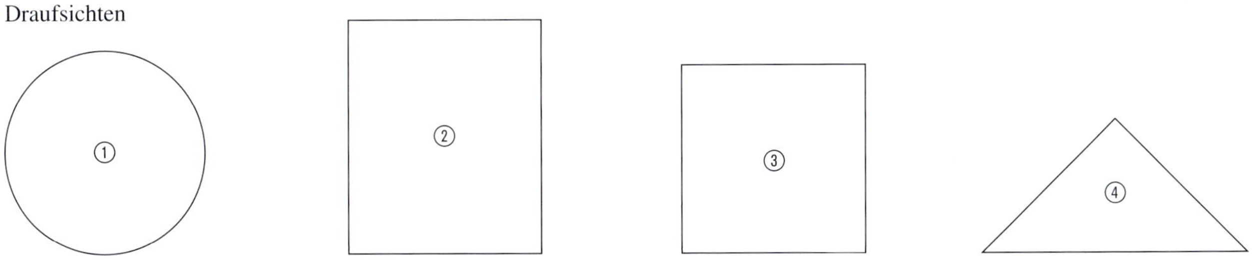

Seitenansichten

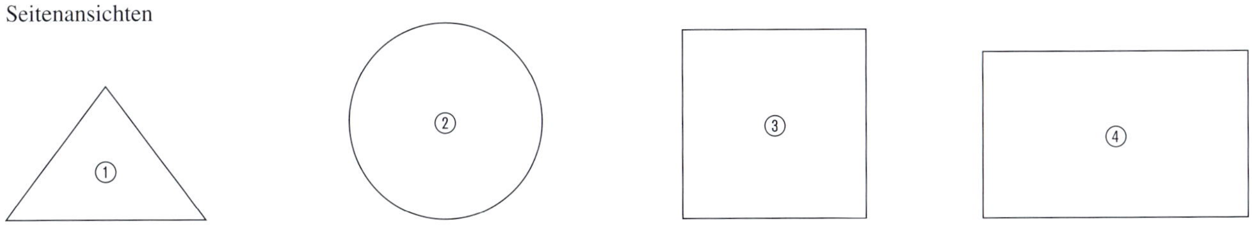

______ ______ ______ ______

a) Ergänze die Namen der Grundformen.
Zusatzaufgabe: Gib, wenn möglich, mehrere passende Bezeichnungen an.

b) Zeichne rechts ein Schrägbild vom Körper ②.

Oberflächeninhalt von Zylindern

▶ Grundwissen

- Für dem Oberflächeninhalt O gilt:

$O =$ ______________________

$G =$ ______________________

$M =$ ______________________

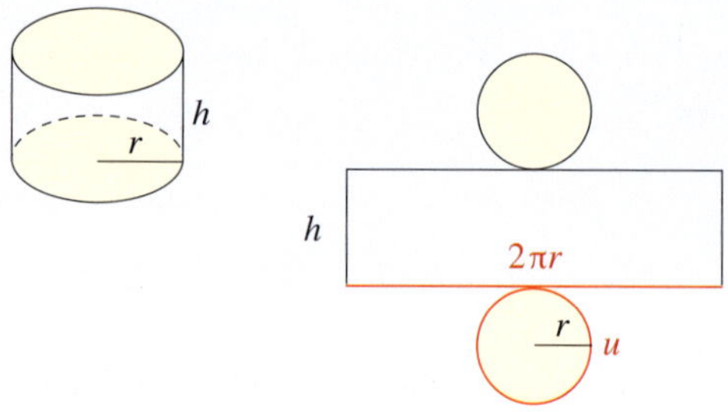

▶ **Auftrag:** Ergänze die Formeln.

Trainieren

1 Netz und Oberflächeninhalt eines Zylinders

a) Vervollständige das Netz des abgebildeten Zylinders im Maßstab 1 : 100.

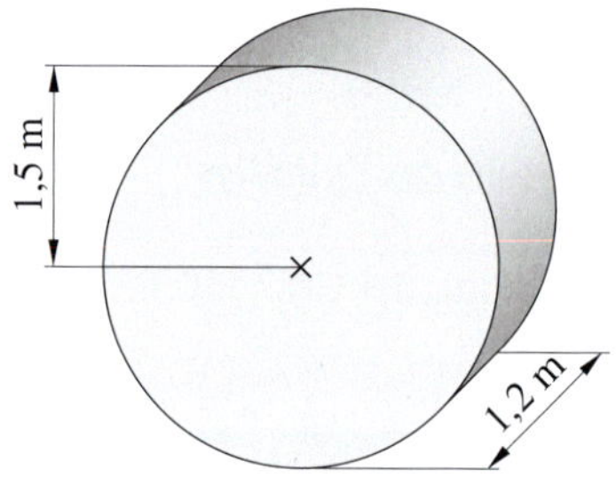

b) Gib den Flächeninhalt einer Grundfläche, der Mantelfläche und der Oberfläche des Zylinders an.

$G =$ ______________________

$M =$ ______________________

$O =$ ______________________

2 Vervollständige die Tabelle.

Radius	Durchmesser	Flächeninhalt der Grundfläche	Höhe	Flächeninhalt der Mantelfläche	Flächeninhalt der Oberfläche
17 cm			5,5 cm		
1,2 m			70 cm		
	0,6 cm		5,6 m		
	148 mm		12 mm		

3 Grundflächen und Mantelflächen

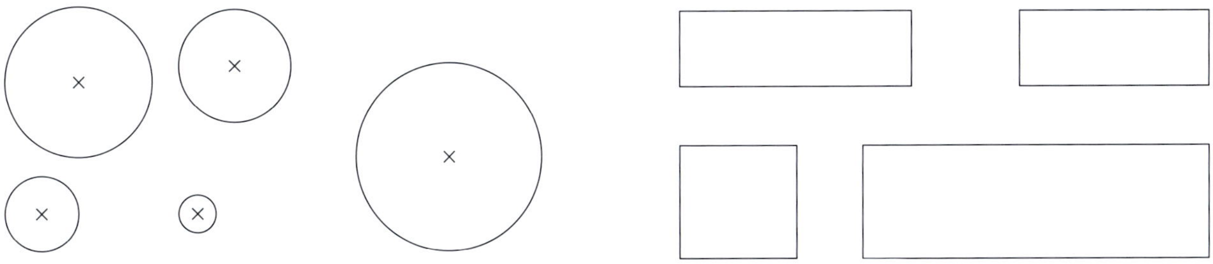

a) Zu welchen drei Grundflächen von Zylindern sind passende Mantelflächen abgebildet?

b) Berechne die Oberflächeninhalte der Zylinder aus Teilaufgabe **a**.
Runde die Endergebnisse auf volle Quadratzentimeter.

Zylinder ①: ______________________________

Zylinder ②: ______________________________

Zylinder ③: ______________________________

c) Zu zwei Grundflächen passt keine der Mantelflächen.
Wie lang müsste das übrig gebliebene Rechteck sein, damit es die zugehörige Mantelfläche ist?

____

Anwenden und Vernetzen

4 Eine Litfaßsäule hat einen Durchmesser von 1,2 m. Ihre Klebefläche ist 3 m hoch.
Wie viele bedruckte DIN-A4-Blätter könnten darauf geklebt werden,
ohne dass deren Inhalte verdeckt sind?
Hinweis: Jede Seite des Arbeitsheftes hat DIN-A4-Format.

____

____

5 Um einen Zylinder wurde in zwei vollständigen Umläufen eine Schnur gewunden.
Er hat eine Höhe von $h = 3\,\text{m}$ und einen Durchmesser von $d = 50\,\text{cm}$.
Im Bild sind der Zylinder und sein abgewickelter Mantel skizziert.

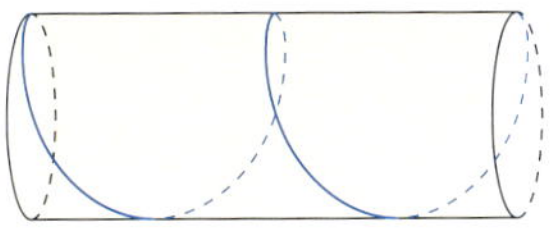

a) Gib den Oberflächeninhalt des Zylinders an.

____

____

____

b) Zeichne den Verlauf der Schnur in den abgewickelten Zylindermantel ein.

c) Kreuze die Länge der Schnur an.

☐ ca. 3 m ☐ ca. 4 m ☐ ca. 5 m ☐ ca. 6 m

Volumen von Zylindern

▶ Grundwissen

Das Volumen V eines Zylinders ist das Produkt
des Flächeninhalts der Grundfläche G und der Körperhöhe h_k.

$V = G \cdot h_k$ $\qquad$ $G = \pi \cdot r^2$

Beispiel: $V =$ ______________________

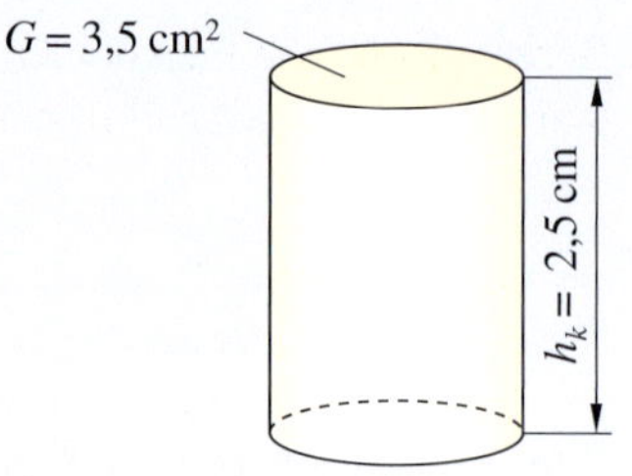

▶ **Auftrag:** Ergänze das Beispiel.

Trainieren

1 Abgebildet sind Grundflächen von 4 cm hohen Zylindern.
Ermittle jeweils den Flächeninhalt der Grundflächen G und das Volumen V.

a)

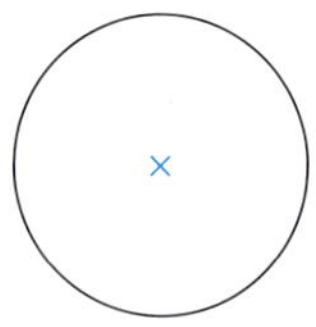

$G \approx$ __________

$V \approx$ __________

b)

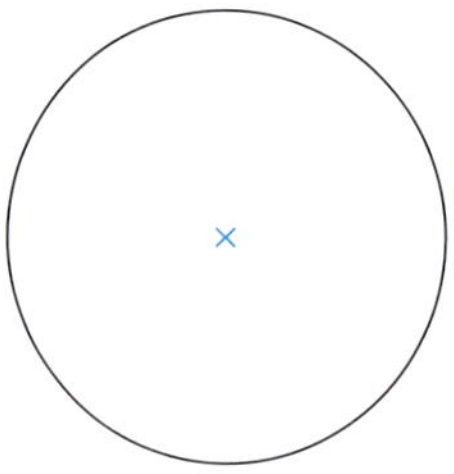

$G \approx$ __________

$V \approx$ __________

c)

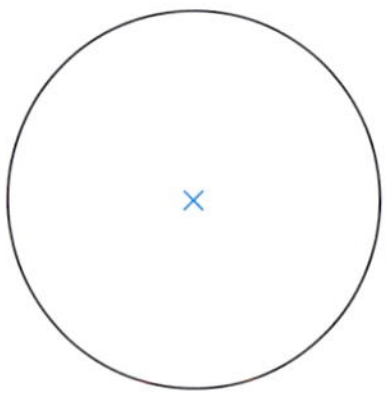

$G \approx$ __________

$V \approx$ __________

Ergebnisse zum Abstreichen:
3,1
4,9
7,1
12,6
19,6
28,3
13,7

2 Ergänze die Tabelle für Zylinder.

Radius	Durchmesser	Grundfläche	Höhe	Volumen
5 cm			8 cm	
	5 mm			62,82 mm³
6,2 m			15,32 m	
	2 dm			11,30 dm³

3 Aus einem Glas wurde mehrmals getrunken. Anfangs waren 200 ml Wasser darin (1. Bild).

a) Schätze, wie viel Wasser jeweils im Glas war.

1. Bild	2. Bild	3. Bild	4. Bild	5. Bild
200 ml				

b) Gib Innenlängen von Gläsern an, die genau 200 ml fassen.
Hinweis: Prüft gegenseitig die vorgeschlagenen Möglichkeiten.

____

____

4 Zwei zylinderförmige Kochtöpfe sind gleich hoch.
Der Durchmesser des zweiten Topfes ist doppelt so groß wie der des kleineren.

a) Berechne die Volumen beider Töpfe, wenn der kleinere 12 cm hoch ist und einen Durchmesser von 13 cm hat. Gib die Ergebnisse in Litern an.

b) Wievielmal größer ist das Volumen des größeren Topfes vermutlich?
Zusatzaufgabe: Begründe deine Vermutung.

5 Eine zylinderförmige Regentonne soll laut Etikett ein Fassungsvermögen von 0,5 m^3 haben.
Als Höhe sind auf der Regentonne 1,10 m eingeprägt und als Durchmesser 76 cm.

a) Passt das Etikett zu der Regentonne?

b) An einem Tag wird die bis dahin leere Tonne halb voll.
Wie viel Wasser ist in der Tonne?

Anwenden und Vernetzen

6 Das in der Zeichnung dargestellte Werkstück wurde an der Dreh- und Fräsmaschine gefertigt.
Als Rohling wurde ein Zylinder mit einem Durchmesser von $d = 40$ mm und einer Höhe von $h = 55$ mm verwendet.

a) Berechne das Volumen V des Werkstückes.
Hinweis: Zerlege das Werkstück in drei Teilkörper.

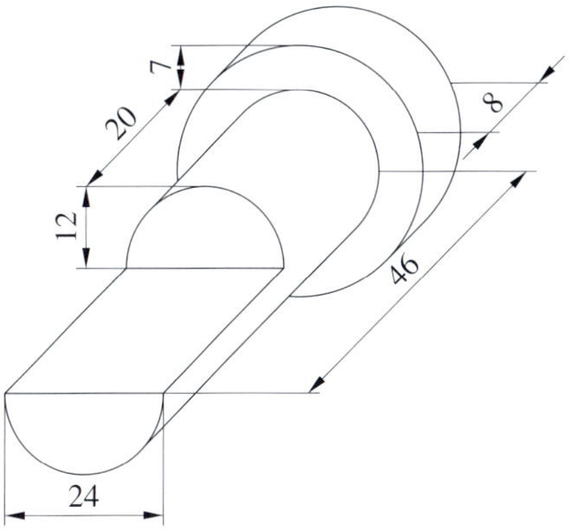

b) Wie viel Prozent vom Rohling (Zylinder) wurden zu Abfall?

Kapitel **Lineare Gleichungssysteme**

1 Lösungen von Gleichungen mit zwei Variablen

a) Ermittle die Lösung rechnerisch und grafisch.

I $8y + 4x = 680$
II $y = x - 5$

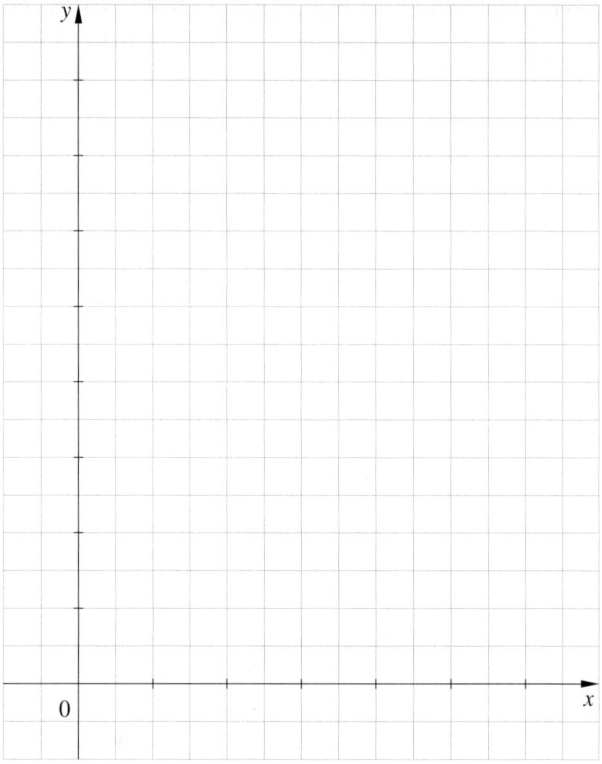

b) Kreuze die wahre Aussage an und begründe.
☐ (40 | 65) ist eine Lösung des Gleichungssystems.
☐ (40 | 35) ist eine Lösung einer der Gleichungen.

____

____

2 Ermittle die Lösungen.

a) I $15x = 81 - 17y$
II $15x = -3 + 11y$

b) I $2x - 3y = 1$
II $-2x + 3y = -1$

c) I $2y = 8 - x$
II $8y = x$

3 Die Summe zweier Zahlen ist 99. Ihre Differenz ist 63.

a) Kreuze die passenden Gleichungssysteme an.

☐ I $x + y = 99$
II $x - y = 63$

☐ I $36 = x + y$
II $x = 99 - y$

☐ I $99 - x = x + y$
II $y - x = 36$

☐ I $99 = x + y$
II $x = 63 + y$

b) Ermittle beide Zahlen.

____

Kapitel Funktionen und Umkehrfunktionen – Rechnen mit Wurzeln

1 Umkehrfunktionen linearer und quadratischer Funktionen

① $f(x) = -0{,}4x + 7$

x	0	1			
y			5,8	5	0

② $f(x) = 0{,}4x^2$

x	0	1			
y			1,6	3,6	6,4

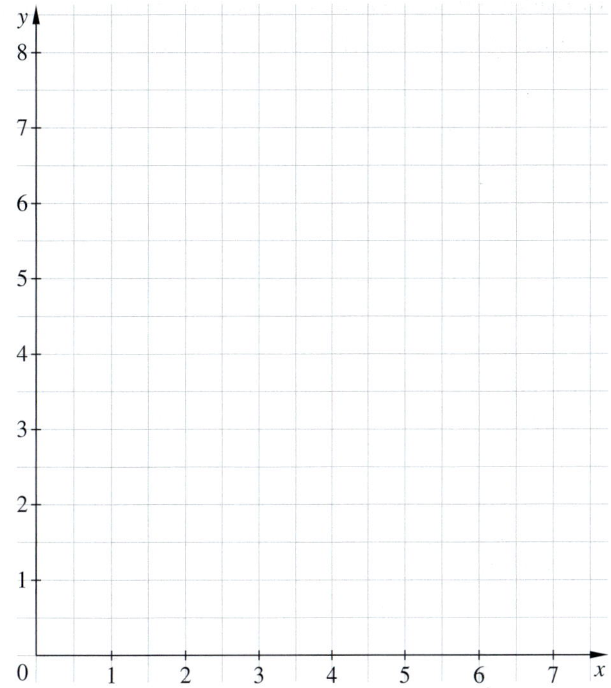

a) Ergänze die Wertetabellen.

b) Zeichne die Graphen der Funktionen und deren Umkehrfunktionen.

c) Gib die Funktionsgleichungen der Umkehrfunktionen an.

① $f(x) = -0{,}4x + 7$ und $f^{-1}(x) =$ ____________________

② $f(x) = 0{,}4x^2$ und $f^{-1}(x) =$ ____________________

2 Ergänze die Tabelle. Nutze dabei keinen Taschenrechner.

x	16		64		900		0,81		2,25
$\sqrt{x}$		6		13		50		1,1	

3 Vereinfache.

a) $3 \cdot \sqrt{15} + 7 \cdot \sqrt{15} =$ ____________________

b) $9 \cdot \sqrt{0{,}81} - 3 \cdot \sqrt{0{,}81} =$ ____________________

c) $2 \cdot \sqrt{7} \cdot 0{,}4 \cdot \sqrt{7} =$ ____________________

d) $\sqrt{2} \cdot \sqrt{32} =$ ____________________

e) $\sqrt{50} : \sqrt{2} =$ ____________________

f) $\sqrt{169 \cdot 10} =$ ____________________

g) $\sqrt{\frac{20}{17^2}} =$ ____________________

h) $3 \cdot \sqrt{7} \cdot 2 \cdot \sqrt{7} =$ ____________________

4 Die Länge der Diagonalen d in einem Rechteck mit den Seiten a und b berechnet man mit der Formel $d = \sqrt{a^2 + b^2}$.

a) Zeichne ein Rechteck und prüfe, ob die Formel für dein Beispiel gilt.

b) Gibt es ein Rechteck mit ganzzahligen Seitenlängen a und b, bei dem auch die Länge der Diagonalen d ganzzahlig ist?
Hinweis: Probiere es mit Seitenlängen unter 10 cm.

____

Kapitel Ähnlichkeit

1 Kreuze die im geometrischen Sinn zueinander ähnlichen Figuren an.

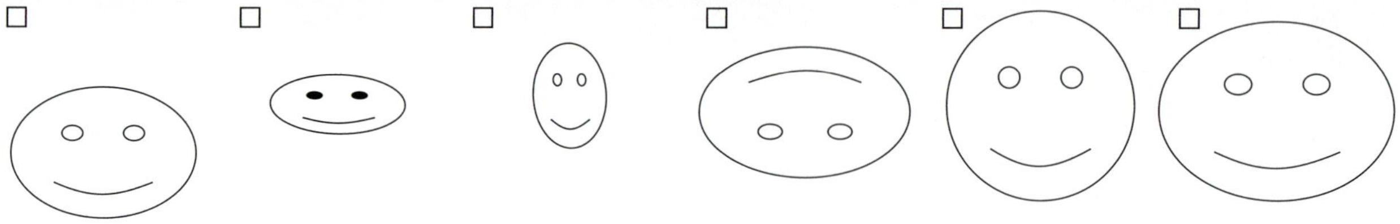

2 Das Streckungszentrum ist der Punkt Z und der Streckungsfaktor ist $k = \frac{1}{4}$.
Zeichne das entsprechende Bild der Figur.

3 Berechne x und y.

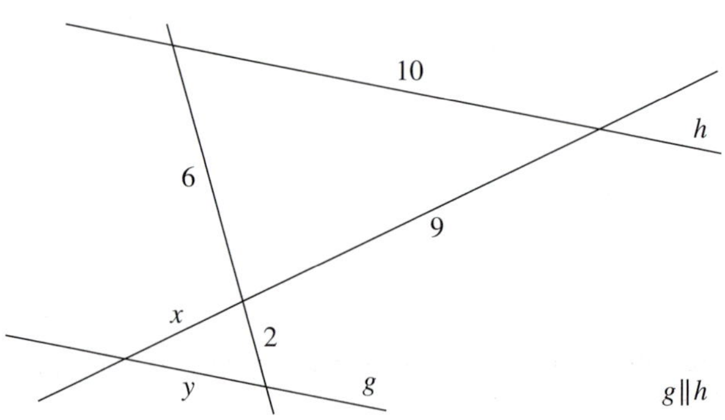

4 Die Höhe von Türmen kann mithilfe von zwei Stäben näherungsweise ermittelt werden.
Betrachte die Skizze und berechne die Höhe vom Turm.

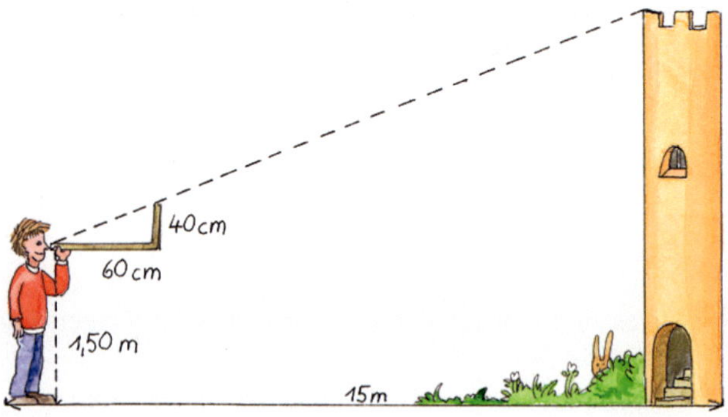

Kapitel **Der Satz des Pythagoras**

1 Konstruiere ein Dreieck ABC mit
$c = 8$ cm;
$h_c = 3{,}5$ cm und
$\gamma = 90°$.
Beschrifte es.

2 Dreiecke im Halbkreis

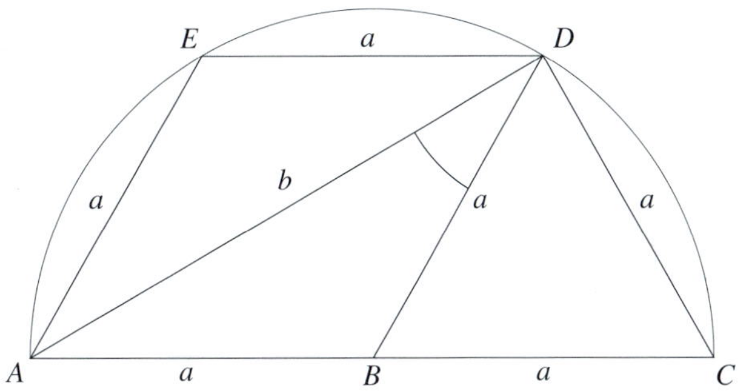

a) Kreuze die richtig aufgestelle Gleichung an.

☐ $a^2 + a^2 = b^2$

☐ $a^2 + a^2 = a^2$

☐ $(2a)^2 = a^2 + b^2$

☐ $2a^2 = a^2 + b^2$

b) Ergänze die gesuchte Winkelgröße.

3 Ist das Dreieck mit den angegebenen Seitenlängen rechtwinklig?
Begründe deine Antwort mithilfe einer Rechnung.

a) $x = 9$ cm; $y = 15$ cm; $z = 12$ cm ☐ rechtwinklig ☐ nicht rechtwinklig

b) $s = 2$ cm; $t = 3$ cm; $u = 4$ cm ☐ rechtwinklig ☐ nicht rechtwinklig

c) $a = 7{,}8$ cm; $b = 2{,}2$ cm; $c = 8$ cm ☐ rechtwinklig ☐ nicht rechtwinklig

4 „Rasenlatscher" sind Fußgänger, die gerne Wege abkürzen, indem sie statt auf den angelegten Wegen über den Rasen laufen.
Zwei Wege verlaufen senkrecht zueinander. 10 m vor der Kreuzung verlässt ein Fußgänger einen der Wege und kommt 12 m dahinter auf dem anderen an.
Wie viel Schritte spart der „Rasenlatscher" mit einer durchschnittlichen Schrittlänge von 75 cm?
Hinweis: Fertige eine Sizze an.

Kapitel **Zweistufige Zufallsexperimente**

1 Clas versucht zwei Frösche in eine große Tasse springen zu lassen.
Die Frösche landen erfahrungsgemäß mit einer Wahrscheinlichkeit von 40 % in der Tasse.

a) Beschrifte das Baumdiagramm.

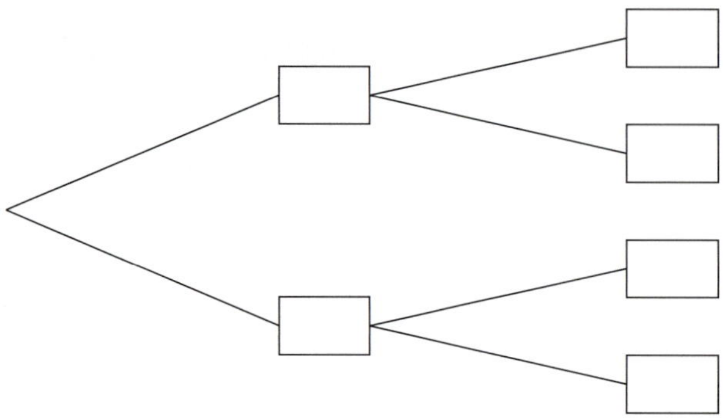

b) Mit welcher Wahrscheinlichkeit landen die beiden Frösche in der Tasse?

c) Mit welcher Wahrscheinlichkeit landet mindestens ein Frosch in der Tasse?

d) Mit welcher Wahrscheinlichkeit landet nur der zweite Frosch in der Tasse?

2 Frau Chung hat Reis, Nudeln, gebackenes Hähnchen, gebackene Ente, Pilze mit Gemüse und Ananas mit Gemüse im Angebot.

a) Ermittle mithilfe von zwei Baumdiagrammen, wie viele Gerichte vermutlich auf der Speisekarte stehen werden. Jedes Gericht besteht entweder aus einer einfachen Portion Reis oder Nudeln und einer oder zwei der anderen Komponenten, die dazukommen.

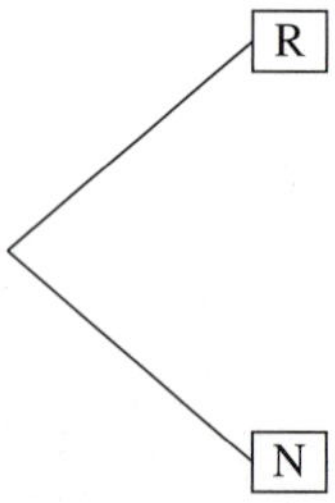

b) Jedes Gericht hat eine andere Nummer (1; 2; 3; 4; 5; …).
Die Nummern wurden nach dem Zufallsprinzip und ohne System vergeben.
Mit welcher Wahrscheinlichkeit ist das erste Gericht mit gebackener Ente?

Kapitel Kreise berechnen

1 Ergänze die fehlenden Angaben.

Münzen	Radius	Durchmesser	Umfang	Flächeninhalt
2€	12,875 mm			
1€				425 mm²
50 ct			7,62 cm	

2 Ermittle jeweils Umfang und Flächeninhalt der Figuren.

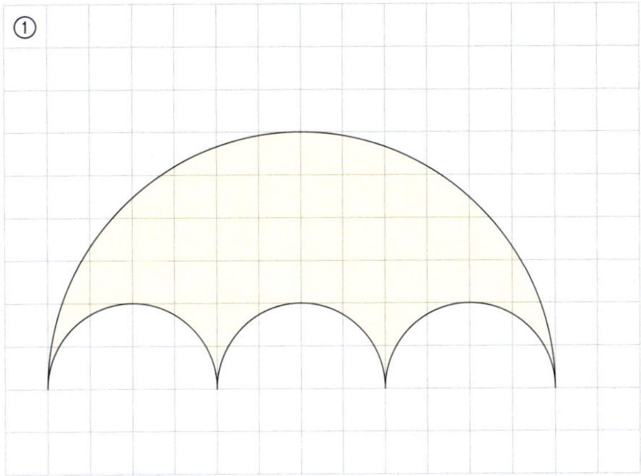

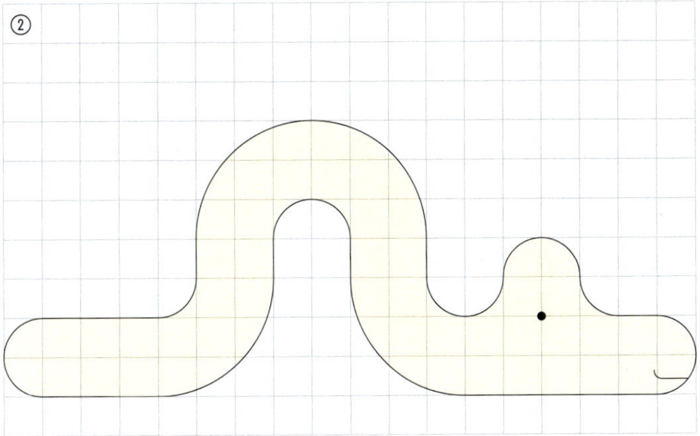

Umfang von Figur ①:

Flächeninhalt von Figur ①:

Umfang von Figur ②:

Flächeninhalt von Figur ②:

3 Eine Wendeltreppe besteht aus 19 Stufen, die 20 cm hoch sind. Bei einer Renovierung sollen die Trittflächen nachlackiert werden.
Ein dünner durchgehender Lichtschlauch wird nachträglich am Außenrand zur Beleuchtung angebaut.

a) Wie groß ist die zu lackierende Fläche?

b) Wie viel Meter Lichtschlauch werden benötigt?

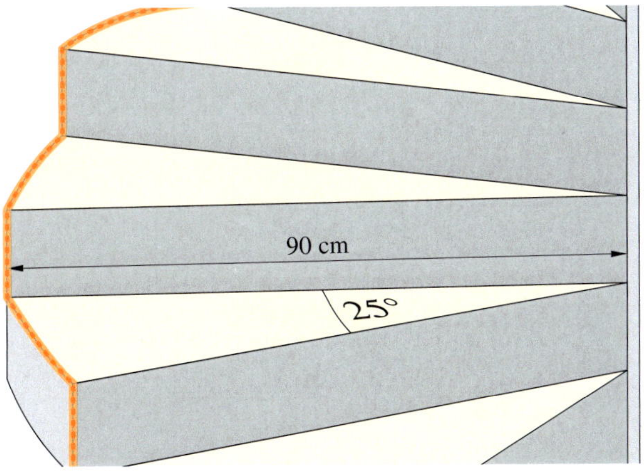

Kapitel Zylinder

1 Netz und Schrägbild von Zylindern

a) Vervollständige das Netz
eines 1,5 cm hohen Zylinders.

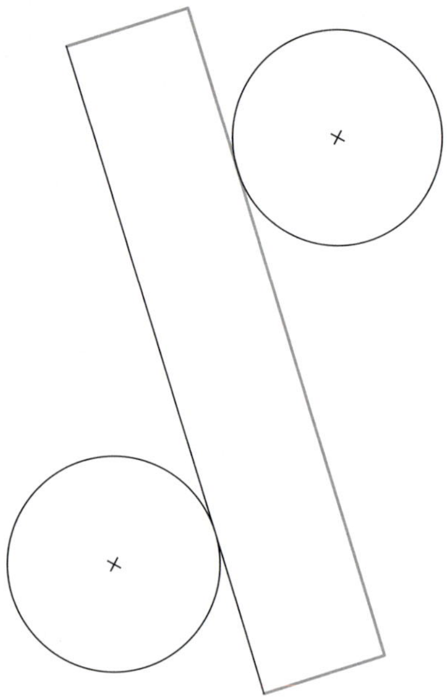

b) Vervollständige das Schrägbild
eines 5 cm hohen Zylinders mit 4 cm Durchmesser.

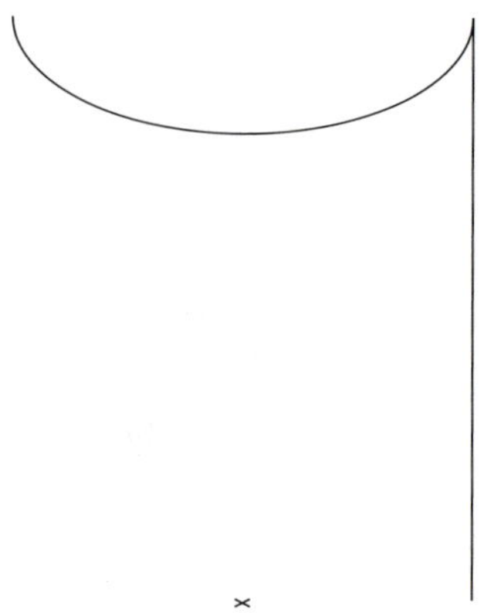

2 Nenne drei alltägliche Gegenstände, die oft die Form eines Zylinders haben.

____

3 Den Mantel eines Zylinders bildet ein 10 cm langes und 20 cm breites Rechteck.

a) Wie hoch kann der Zylinder sein?

____

b) Kreuze die möglichen Größen der Grundflächen an.

☐ $d \approx 9{,}15\,\text{cm}$	☐ $d \approx 6{,}37\,\text{cm}$	☐ $d \approx 3{,}18\,\text{cm}$
☐ $G \approx 7{,}96\,\text{cm}^2$	☐ $G \approx 22{,}68\,\text{cm}^2$	☐ $G \approx 31{,}83\,\text{cm}^2$

c) Berechne beide möglichen Oberflächeninhalte und Volumen.
Runde die Endergebnisse auf volle Quadrat- bzw. Kubikzentimeter.

____

____

____

d) Den Mantel wird halbiert, sodass ein halb so großes Rechteck vorliegt.
Die Grundfläche bleibt unverändert.
Überlege, wie sich dadurch der Oberflächeninhalt und das Volumen ändern.

____

____

____

Jahrgangsstufentest

1 Zentrische Streckung mit Streckungszentrum Z

a) Zeichne mithilfe der zentrischen Streckung ein Dreieck mit doppelt so langen Seiten und ein Dreieck mit halb so langen Seiten wie beim gelben Dreieck.

b) Begründe mithilfe der Winkelgrößen, warum alle drei Dreiecke aus Teilaufgabe **a** zueinander ähnlich sind.

2 Lineare Funktionen $y = -3x - 3{,}5$ und $y = 0{,}2x + 4{,}5$

a) Zeichne die Graphen der Funktionen und ermittle die Koordinaten des Schnittpunktes.

b) Zeichne die Graphen der Umkehrfunktionen ein und beschrifte sie.

c) Ergänze zuerst die Wertetabelle für $y = 0{,}4x^2$. Skizziere danach den Graphen der Funktion und den seiner Umkehrfunktion für $x > 0$.

x	1	2	3	4	5
y					

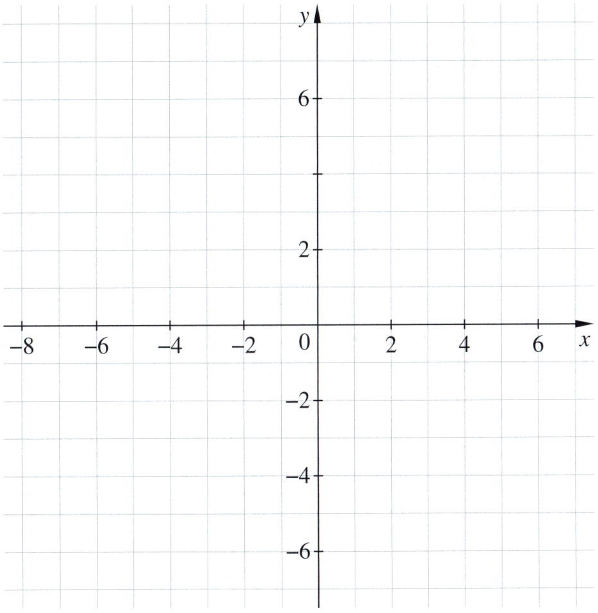

3 Ermittle die Werte ohne Taschenrechner.

a) $\sqrt{1{,}44} =$ ______ **b)** $\sqrt{2} \cdot \sqrt{32} =$ ______ **c)** $4\sqrt{7} + 2\sqrt{7} =$ ______ **d)** $\sqrt{75} : \sqrt{3} =$ ______

4 Frau Mosch zahlt im Freibad 14,75 € Eintritt für sich und ihre beiden Kinder.
Herr Krüger zahlt für zwei Erwachsene und drei Kinder 25,30 €.
Kinder und Jugendliche bis 16 Jahre zahlen gleich viel. Ermittle den Gesamtpreis für fünf Jugendliche.

5 Aus der Packung werden Eier genommen. Die Auswahl ist zufällig. Genau drei der Eier sind angeschlagen.
Gib die Wahrscheinlichkeiten folgender Ereignisse in Prozent an.
Hinweis: Zeichne ein Baumdiagramm auf ein zusätzliches Blatt.

a) Das zuerst genommene Ei ist angeschlagen. ____________

b) Das zuerst genommene Ei ist ganz. ____________

c) Das erste und das zweite Ei sind angeschlagen. ____________

d) Das erste oder das zweite Ei sind angeschlagen. ____________

6 Familie Krüger hat einen dünnwandigen zylinderförmigen Pool mit 3 m Durchmesser und einer Höhe von 80 cm.

a) Wie viele Quadratmeter beträgt die Stellfläche des Pools?

____

b) Die seitliche Wand des Pools entsteht aus einem Rechteck. Zwei gegenüberliegende Seiten berühren einander. Gib die Maße des Rechtecks an.

____

c) Wie viel Liter Wasser sind im Pool, wenn das Wasser 70 cm hoch steht?

____

7 Berechne jeweils die Breite der Seen.

a)

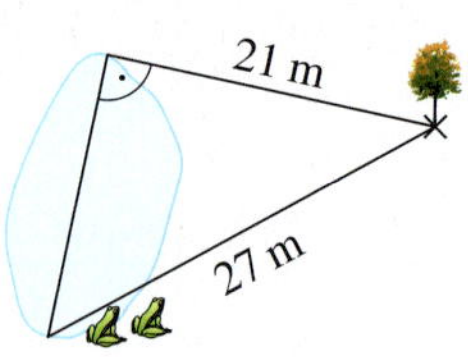

____

b)

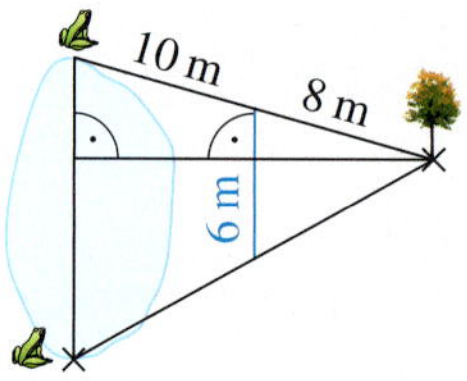

____

8 Trage die Buchstaben der gesuchten Begriffe in die Kästchen ein.
Wenn alles richtig ist, ergibt sich ein Lösungswort.

1. Zwei Figuren sind zueinander …, wenn einander entsprechende Winkel gleich groß sind.
2. Ein Körper mit einer gekrümmten Seitenfläche ist ein …
3. Die Ergebnisse zweistufiger Zufallsexperimente sind geordnete …
4. Der griechische Mathematiker … lebte von 570 bis 510 v. Chr.
5. Die beiden kürzeren Seiten eines rechtwinkligen Dreiecks nennt man …
6. Durch … des Graphen einer Funktion an der Winkelhalbierenden $y = x$ erhält man den Graphen der Umkehrfunktion.
7. Den Term unter dem Wurzelzeichen nennt man …
8. Mehrstufige Zufallsexperimente können mithilfe von … veranschaulicht werden.
9. Flächen ohne Ecken sind …
10. Lösungen von Gleichungen können durch … gefunden werden.

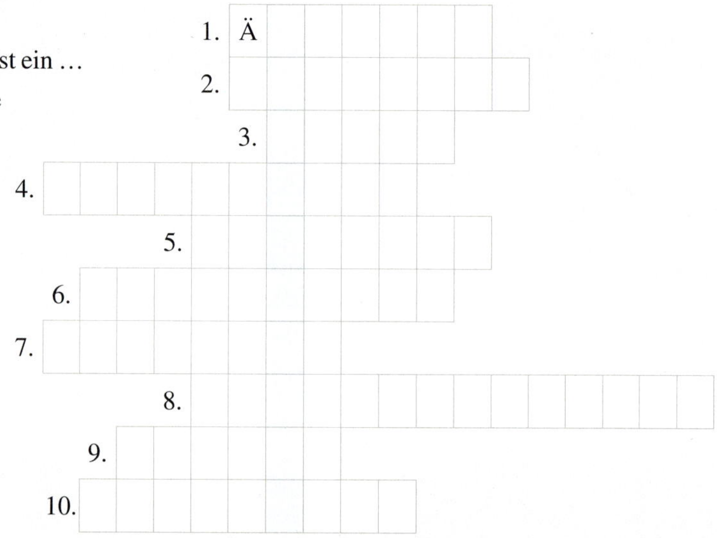